古人的雅致生活

云林石谱

（宋）杜绾／著　朱礼欣／绘

江西美术出版社
全国百佳出版单位

出版说明

《古人的雅致生活》系列丛书围绕古人论茶事、瓶花、器物、饮食、园林、赏石等经典著作，旨在重现古人的生活细节，重塑今人的生活格调。本书原文与译文对照阅读、精美配画辅助理解，是全书最为出彩之处。同时配画则力求反映原文之大意，以图说文，兼具欣赏与实用性。

《茶经》为唐代陆羽所著，是中国乃至世界范围内第一部系统介绍茶的专著。它以精辟的文字，系统全面地介绍了茶的源流、发展、烹茶技术、典故等内容。该书不仅是中国茶叶发展史上最早、亦极为重要的茶事专著。

《长物志》为明代文震亨所著。长物，乃身外之物，供把玩所用。明人宋诩在《宋氏家规部》中称『长物』为：『凡天地间奇物随时地所产、神秀所钟，或古有而今无，或今有而古无，不能尽知见之也。』书中将其进行雅俗区分，雅物入品，分为室庐、花木、水石、禽鱼、书画、几榻、器具、位置、衣饰、舟车、蔬果、香茗等十二类，内容广博，体现了明代士大夫的审美情趣。文震亨本人不屑与俗世为伍，衣食住行所思所想皆要与市井、俗尚区别开，因此便有了现在的《长物志》。

由于《茶经》《长物志》原文篇幅过长，在不影响原文大意的前提下，我们对部分内容进行了相应的精简调整，以更切合图书体例，符合读者的阅读习惯。

《山家清供》为宋代林洪所撰，宋代虽在军事方面积贫积弱，但在经济、文化、科技等领域却是中国历史上快速发展的黄金时期。作者林洪便生于这个奇特的朝代，在这期间，林洪所撰的《山家清供》《山家清事》作为历史长河中瑰丽奇异的的宝石被完整地保留了下来，为今人能够揭开当朝一角面纱做出了卓越的贡献。

《山家清供》全书收录了百余种宋代的食物，其中大部分皆为林洪亲身品尝感受过，并颇为有趣地记载了与其相关的琐事，让人读起不觉乏味，甚是可爱。同时书中全面地介绍了这些食物的名称、源流、做法等内容，其中涉及诗文、典故，内容广博。该书将食物这一日常生活中必不可少的事物，详细地记载下来并流传于世，极大程度上推动了后世饮食文化的发展。

《园冶》由明代计成所著，是中国第一本园林艺术理论专著，并将造园从技艺上升到理论层面。它以行云流水般的文字，系统全

面地介绍了造园的原理和布局手法，至今仍然不失其用，为今人造园提供了范本。并且，该书采用『骈四骊六』的骈文体，在文学上亦有造诣。

《瓶花谱》为明代张谦德著，书中系统地展示了中国传统插花之道。它以精辟的文字，从品瓶、品花、折枝、插贮、滋养、事宜、花忌与护瓶八方面介绍了中国传统花道。该书是中国花道史上极为重要的专著，至今仍然不失其用，将花道上升到文化层面，极大程度上推动了花道的发展。

中国可能是最爱玩石、藏石、赏石的国家了，而中国人对于奇石、怪石、美石的喜爱也是独一份的。杜绾，字季阳，号『云林居士』，所著《云林石谱》是中国历史上最完整、最丰富的论石专著。它系统全面地介绍了如何选石、观石并对其进行测评，介绍了116种名石的产地、采取方法、质地、形状、声音等，并将其上升到理论层面，可见《四库全书》中删略其他，独留《云林石谱》不是没有道理的。

序

天地至精之气，结而为石。负土而出，状为奇怪，或岩窦透漏，峰岭层棱。凡弃掷于娲炼之余，遁逃于秦鞭之后者，其类不一。至有鹊飞而得印，鳖化而衔题。叱羊射虎，挺质之尚存；翔雁鸣鱼，类形之可验。怪或出于禹贡，异或陨于宋都。物象宛然，得于仿佛，虽一拳之多，而能蕴千岩之秀。大可列于园馆，小或置于几案。如观嵩少，而面龟蒙，坐生清思。故平泉之珍，秘于德裕，扶余之宝，进于武宗，皆石之瑰奇宜可爱者。然人之好尚，故自不同。叶公之好龙，支遁之好马，卫懿公之好鹤，王右军之好鹅，齐王之好竽，阮籍之好锻，虽所好自异，然无所据依，殆无足取。圣人尝曰：『仁者乐山。』好石乃乐山之意，盖所谓静而寿者。有得于此，窃尝谓陆羽之于茶，杜康之于酒，戴凯之于竹，苏太古之于文房四宝，欧阳永叔之于牡丹，蔡君谟之于荔枝，亦皆有谱，惟石独无，为可恨也。云林居士杜季阳，盖尝采其瑰异，第其流品，载都邑之所出，而润燥者有别，秀质者有辩，书于简编，

其谱宜可传也。且曰：幅员之至远，闻见或遗，山经地志，未能淹该遍览，尚俟访求，当附益之。居士实草堂先生之裔，大丞相祁国公之孙。予尝闻之，诗史有『水落鱼龙夜』之句，盖尝游长沙湘乡之山，鱼龙蛰土，化而为石，工部固尝形容于诗矣。读是谱者，知居士之好古博雅，克绍于余风，不忘于著录云。

时宋绍兴癸丑夏五月望日，阙里孔传题。

序（译文）

天地间最精华的灵气凝结形成了神态各异的奇石。这些石头从土里产出，形状千奇百怪，有的孔洞相互联通，有的如同层峦叠嶂的山峰。无论是传说中女娲补天剩余的，或是秦始皇鞭石后遗留的，都是形态种类不一的。以至于有了『鹊飞而得印』『鳖化而衔题』的传说。黄初平叱羊为石、李广夜射石虎等遗迹留存至今。覆笥山上的石雁，浑源水中的石鱼，类似形状的都可得到验证。奇怪的形状或者出自于《禹贡》，异样的石头与宋都陨落的很相似。这些奇石都形象逼真，宛然如生，即使仅有拳头大小，也能蕴涵千山万壑的灵秀之气。大型的石头可以置于园林庭院中，小的则可以陈列案头。面对他们的时候，如同坐览微缩的嵩山，登上蒙山主峰龟蒙顶，感到心旷神怡。所以平泉的奇石被唐代宰相李德裕珍藏在平泉别墅，大余地区的奇石进贡给唐武宗作为宫廷赏玩。这都是因为石头的奇异瑰丽让人喜爱。然而人们的喜好千差万别，例如，叶公好龙、支遁喜马、卫懿公爱鹤、王羲之好鹅、齐王好听竽、嵇康好煅铁。但是这些爱好大多传为趣闻逸事，真实性有待考证，所以无法效仿。孔子曾说：『仁者乐山』，喜欢石头就是『乐山』的意思，也就是『静而寿』的原因。我私下里曾经与别人谈到陆羽精于茶、杜康善酿酒、戴

凯之爱竹、苏太古喜文房四宝、欧阳修喜牡丹、蔡君谟喜荔枝，并且都写了专门的著作。唯独没有人为奇石编谱，不得不说是个遗憾。于是云林居士杜季阳亲自搜集瑰丽奇异的石头，研究它们，按其品位分门别类，记载它们的产地，区别它们或润或燥的特性，辨别它们或巧或拙的形态，汇集编写成册，这部关于石的书谱亦足以传世。当然，天下之大，幅员辽阔，而一个人的见闻毕竟有限，书中的遗漏之处也在所难免。即使是《山海经》《禹贡》这样的奇书也有未记载全面的地方，所以《云林石谱》也有其局限性，需要不断补充。云林居士实际上是杜甫的后代，大丞相祁国公的孙子。我曾经听说过，诗史上有『水落鱼龙夜』的佳句。因为杜甫曾经游览过湖南一带的山，听说过龙鱼蛰伏到泥土中化而为石的传说，便写在了自己的诗中。我读了这部《云林石谱》，了解到云林居士好古博雅、家学深厚，并且在石谱里继承并发扬了传统的习俗与风范，不忘将之著录于册。

时宋绍兴癸丑夏五月望日，阙里孔传题。

上卷

中卷

下卷

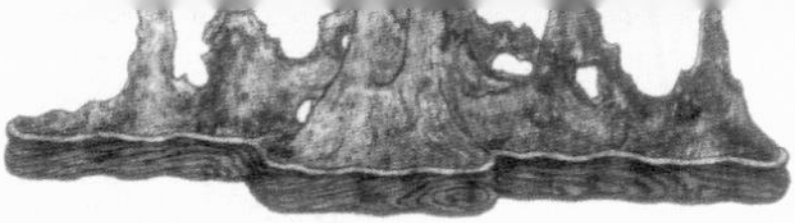

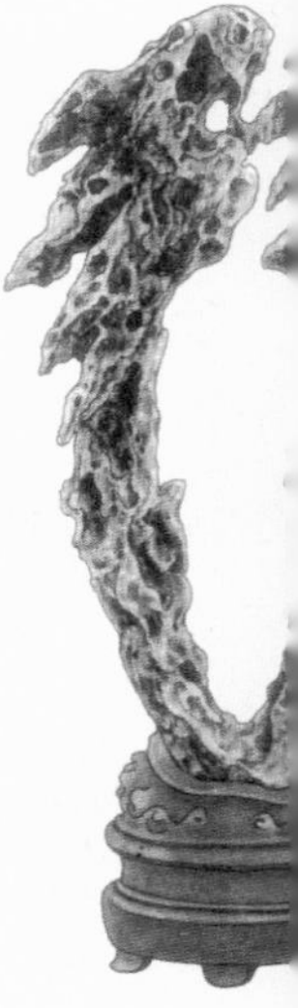

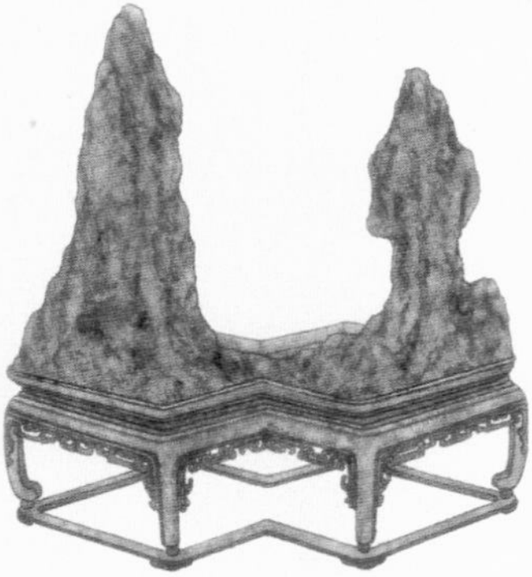

上卷

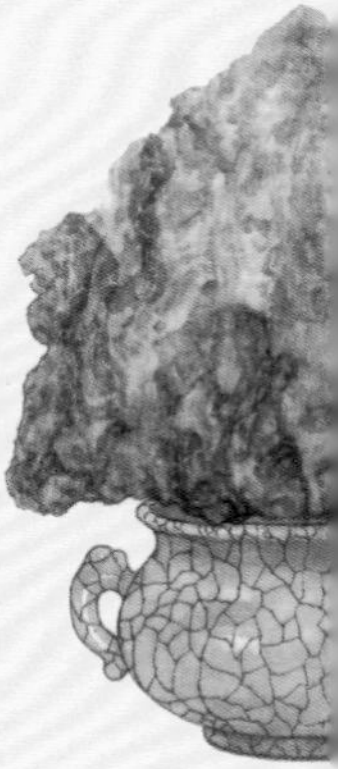

灵璧石

原文

宿州灵璧县，地名磬石山，石产土中，采取岁久，穴深数丈。其质为赤泥渍满，土人以铁刃遍刮三两次，既露石色，即以黄蓓帚或竹帚兼磁末刷治清润，扣之铿然有声。石底渍土有不能尽去者，度其顿放，即为向背。石在土中，随其大小，具体而生，或成物象，或成峰峦，巉岩透空，其状妙有宛转之势。亦有窒塞，及质偏朴，若欲成云气日月佛像，及状四时之景，须藉斧凿修治磨砻，以全其美。大抵只一两

译文

在宿州的灵璧县，有个地方叫磬石山。灵璧石产于此山的泥土中，这种石头的开采历史久远。在数丈深的洞穴中，灵璧石被红色的泥土包裹着。当地人用铁片刮两三次才能露出石头的颜色，然后再用竹子或黄蓓做成的扫帚加上瓷末仔细涮洗，使石头的光泽显露出来。用手敲击石头，能发出铿锵的声音。如果石头底部的积土没能完全清理干净，就考虑其摆放的位置，就有了正面和背面的区别。灵璧石埋在泥土中，大小和形状差异很大，有的像物体；有的像连绵起伏的山峦；有的像镂空的岩石，轻灵空透，变

灵璧石

灵璧石

原文

面，或三四面，若四面全者，百无一二。或有得四面者，多是石磆石尖，择其奇巧处镌取，治其底。顷岁，灵璧张氏兰皋，亭列巧石颇多，各高一二丈许，峰峦岩窦，嵌空具美，然亦只三两面，背亦著土。又有一种，石理嶙峋若胡桃壳纹，其色稍黑，大者高二三尺，小者尺余，或如拳大，坡陁拽脚，如大山势，鲜有高峰岩窦。又有一种，产新坑黄泥沟，峰峦嵌空，极其奇巧，亦须刮治，扣之，稍有声，但石色清淡，

译文

化多端；有的造型古拙，纯朴自然。如果想得到云气、日月、佛像或者四季风貌等形状样貌，就必须进行人工的修饰打磨，使其趋于完美。大多数灵璧石只有一两面具有观赏价值，三四面的已然少见，而四面完好皆成景致的则百里挑一，极为稀有。有些四面完美的灵璧石，大多是选择奇巧的石杂色石尖的地方雕琢凿取，人为造底形成的。前些年灵璧县张次立家的花园亭子里陈列了很多奇巧的灵璧石，高度均在一二丈，峰峦奇峭，玲珑通透，大多只是两三面完好，背面也有积土。另有一种灵璧石纹理交错、色泽发

稍燥软，易于人为，不若磬山清润而坚。此石宜避风日，若露处日久，色即转白，声亦随减。书所谓『泗滨浮磬』是也。

黑，就像核桃壳上的纹路。大的有两三尺高，小的只有一尺左右。还有的如拳头大小，如同表面高低不平的山坡，道路曲折回旋，很少有峰峦岩洞。又有一种产自黄泥沟新坑的灵璧石，呈峰峦起伏的形状，洞穴较多，极为巧妙，也需要刀刮刷洗才能显出形貌。它的色泽淡青，敲击时会发出响声。质地发燥发软，很容易雕琢打磨。不如磬石山出产的灵璧石质地坚硬，清润有泽。这种灵璧石应该收藏在避风阴凉的地方，若暴露在风吹雨淋日照之下，颜色就会发白，敲击出来的声音也会变弱。这就是《尚书》上记载的『泗滨浮磬』吧。

青州石

原文

青州石产之土中，大者数尺，小亦尺余，或大如拳，细碎磊魂，皆未成物状。在穴中性颇软，见风即劲，凡采时易脆，不宜经风。其质玲珑，窍眼百倍于他石，眼中多为软土充塞，徐以竹枝洗涤净尽，宛转通透，无峰峦峭拔势。石色带紫，微燥，扣之有声。土人以石药粘缀四面取巧，像云气枯木怪石欹侧之状。

译文

青州泥土中产青州石。大块的方圆数尺，小的也有一尺左右，有拳头大小的，也有很多碎的貌似大山，险峻高大，但都不成形状。青州石没有挖掘出来的时候质地很软，只要遇到空气就会变硬，开采的时候容易碎裂，不容易挖掘。青州石宜避风摆放，石上有很多玲珑的孔洞，比一般的石头多百倍。孔洞里面有很多软土，要用竹枝慢慢刷洗清除干净，使得孔洞通透。但没有高大峻拔的山峦形态。青州石颜色偏紫，质地略微干燥，敲击起来有声音。当地人用矾、松香和白芨之类的『石药』，粘缀在石上，制成奇巧、美观的造型，或像云气，或像倾斜的怪石，产生『四面取巧』的效果。

青州石

林虑石

原文

相州林虑石，产交口土中，其质坚润，扣之有声。多倒生向下，垂如钟乳，然天成。錾去粗石，留石座，峰峦秀拔，如载山一座。亦有成物状者，石色甚碧。曾贡入内府，有蓝关、苍虬、洞天等名，凡十余品，各高数寸，甚奇异。又有一种，色稍斑而微黑，稍有土渍，易于洗涤。有大山势，四面徘徊，惟背稍着土，千岩万壑，峰峦迤逦，颇多嵌空洞穴，宛转相通，不假人为，至有中虚可施香烬，静而视之，若烟云出没岩岫间。此石因崇宁间方士相视地脉，偶得之，大不逾三两尺，至于拳大，奇巧百怪。

译文

相州有个叫做交口的地方，出产林虑石，质地坚硬莹润，敲击时能发出声音。林虑石多是倒生向下，如同倒悬的钟乳石，自然天成。石匠将其外层粗石凿去，将石头的下部琢成石座的样子，就像一座峰峦秀拔的小山。也有其他象形的石头，颜色碧绿，曾经作为贡品进献给宫廷，有『蓝关』『苍虬』『洞天』等十多种名号，都高数寸，状貌独特。还有一种，色泽微黑带有斑点，土渍较多，不过很容易清洗干净。

林虑石

其形状如同千岩万壑、峰峦叠嶂的山峰，背后略有些积土。这种石头带有很多洞穴，宛转相通，非人力刻意雕琢出来的。在孔洞中，放入焚香的余烬，静静观赏，似乎云烟缭绕在群峰之间。相传林虑石是在崇宁年间由风水先生看地脉时偶然发现的。不过两三尺大小，还有仅有拳头大小的，形状千奇百怪。

太湖石

原文

平江府太湖石，产洞庭水中，性坚而润，有嵌空穿眼宛转险怪势。一种色白，一种色青而黑，一种微青。其质文理纵横，笼络隐起，于石面遍多坳坎，盖因风浪冲激而成，谓之『弹子窝』，扣之，微有声。采人携锤錾入深水中，颇艰辛。度其奇巧取凿，贯以巨索，浮大舟，设木架，绞而出之。其间稍有巉岩特势，则就加镌砻取巧，复沉水中，经久，为风水冲刷，石理如生。此石最高有三五丈，低不逾十数尺，间有尺余。唯宜植立轩槛，装治假山，或罗列园林广榭中，颇多伟观，鲜有小巧可置几案间者。

译文

平江府的太湖石产自洞庭湖中，质地坚硬润泽，孔洞相连姿态婉转，奇巧险怪。有白色的、青黑色的、淡青色的。在石头表面纹理纵横，有许多凹凸不平的坑，是水浪长时间冲刷形成的，俗称『弹子窝』，敲击时发出轻微的响声。采石匠人携带锤子、凿子潜入深水中采石，颇为艰辛。匠人依据石块的奇巧形状将它们凿下来，用粗大的绳索捆住，在大船上设置木头架子，将捆住的太湖石绞拉上来。如果遇到还没有完全成型的太湖石，就顺着它们险陡峻峭形态的样貌雕琢一番，

太湖石

再沉入水中，让湖水冲刷一段时间，使石头的形貌更加自然生动。太湖石最高的有三五丈高，低的不到十几尺。也有一尺左右的，适合堆叠假山，或者置于庭院、园林作为景观。很少有小巧的太湖石可以放置在茶几、书案上，供观赏把玩。

无为军石

原文

无为军石产土中，连络而生。择奇巧者即断取之，易于洗涤，不着泥渍。石色稍黑而润，大者高数尺，亦有盈尺及五六寸者。多作群山势，扣之有声。至有一段二三尺间，群峰耸拔，连接高下，凡数十许，巉岩涧谷，不异真山。顷年，维扬俞次契大夫家获张氏一石，方圆八九尺，上有峰峦，高下，不知数，中有谷道相通，目之为『千峰石』。又米芾为太守，获异石，四面巉岩险怪，具袍笏拜之。但石苗所出不广，佳者颇艰得也。

又

无为军石产土中，惟甚软。凡就土揭取之，见风即劲。两面多柏枝，如墨描写。石色带紫或灰白，间有纹理。成冈峦遍列，林中有径路，全若图画之状，颇奇特。又有仿佛类诸物像，土人装治为屏，颇近自然。

译文

无为军石产自泥土中，相连而生，属于碳酸盐岩。匠人选形貌奇巧的凿取下来，它的质地莹润，颜色发黑，很容易清洗干净，不沾泥渍。其体积相差悬殊，大的数尺高，小的不到一尺甚至五六寸高。大多像连绵起伏的群山，敲击会发出响声。有块两三尺高的无为军石，仿若十几座高耸的山峰相连，奇峰怪石、河谷溪流、山林小径，与真山无异。前些年扬州的俞次契大夫家得到了张家收藏的一块奇石，方圆八九尺，上面山峰连绵，高低起伏，中间还有小道相连，便将它命名为『千峰石』。米芾在当太守的时候，也曾得到一块无为军石。这块

无为军石

石头形状如同一座险峻的高山，非常罕见。米芾高兴至极，竟然穿上官袍，手持笏板，向石头行礼作揖。这就是『米芾拜石』的典故。但是由于无为军石的出产范围不广，上好的石头很难得到。

又有一种无为军石产于泥土之中，质地很软，可以直接从土里揭取出来，石质与空气接触后就变得坚韧。这种石头的两面有像用墨描画的柏枝状的花纹。石色紫色或者灰白色，纹理如图画一般，柏枝林立如起伏不断的山岗，林间还有小径，非常奇特。有些石头上有类似各种物体的纹路，当地人拿它制作成屏风，颇有自然的风趣。

临安石

原文

杭州临安县石出土中，有两种，一深青色，一微青白，其质奇怪，尖峰崒嵂，高者十数尺，小者数尺，或尺余。温润而坚，扣之有声。间有质朴，从而斧凿修治，磨砻增巧。顷岁，钱塘千顷院有石一块，高数尺。旧有小承天法善堂徒弟折衣钵，得此石，值五百余千。其石置方廨中，四面嵌空险怪，洞穴委曲。于石罅间植枇杷一株，颇年远。岩窦中尝有露珠凝滴，目为瑰石。元居中有诗略云：『人久众所憎，岁久众所惜。为负磊落姿，不随寒暑易。』政和间取归内府。亦石之尤者。

译文

临安石产自浙江省杭州市临安县，有深青色和青白色两种。质地十分奇特，高的有十几尺，如同险峻的尖峰。小的有几尺或者一尺左右高。质地湿润而坚硬，敲击时会发出声音。也有形状很朴拙的，通过雕琢使其变得奇巧。几年前，钱塘千顷院有块临安石，数尺高，曾经有个小承天寺法善堂僧人卖掉了衣钵得到此块石头，据说值五千余钱。这块石头放在衙门里，四面透空，洞穴相连。在石缝中种了一株枇杷，有些年头了。石洞中曾经有凝结的露珠，看到的都觉得奇异。元居中有诗云：『人久众所憎，物久众所惜。为负磊落姿，不随寒暑易。』政和年间，此石进贡给皇宫，也是石中的佳品了。

临安石

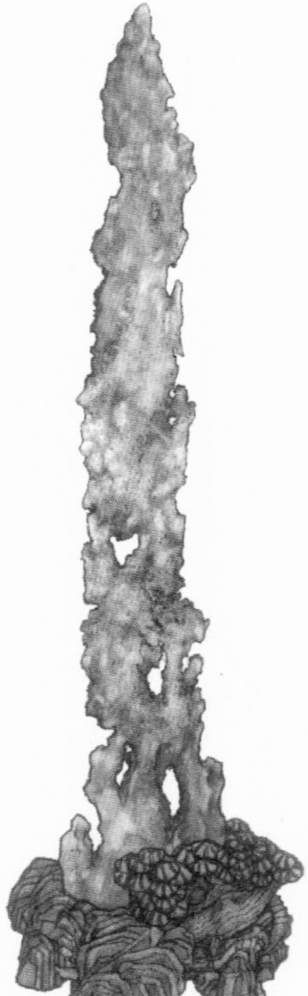

武康石

原文

湖州武康石出土中，一青色，一黄色而斑，其质颇燥，不坚，虽多透空穿眼，亦不甚宛转。采人入穴，度奇巧处，以铁錾揭取之。或多细碎，大抵石性匾侧，多涮道折叠势。浙中假山藉此为山脚石座，间有险怪尖锐者，即侧立为峰峦，颇胜青州。

译文

湖州武康石生在泥土中，这种石头有青色和黄色带斑点两种颜色。质地干燥而不坚硬。有很多洞穴但不是很柔和婉转。采石人入洞穴估计最奇巧的部分用铁錾凿下来。有很多细碎的石头，大多是因为此石质地不坚硬的缘故，石上多有皱褶纹路。江浙一带的假山多用这种石头做底座（上海豫园大假山就是武康石堆叠成的）。偶尔有石形险怪尖锐的，竖起来像峰峦，比青州石更妙。

武康石

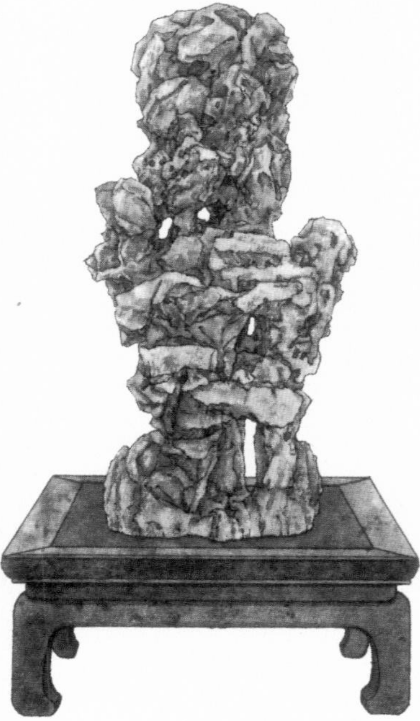

昆山石

原文

平江府昆山县，石产土中，多为赤土积渍，既出土，倍费挑剔洗涤。其质磊魂，巉岩透空，无耸拔峰峦势，扣之无声。土人唯爱其色洁白，或栽植小木，或种溪荪于奇巧处，或立置器中，互相贵重以求售。至道初，杭州皋亭山后出石，与昆山石无分毫之别。

译文

昆山石产于平江府泥土中。此石被红色泥土包裹，挖出后将它清洗干净颇费功夫。昆山石没有高耸挺拔的山峰形状，它块状突兀，结构复杂，玲珑多窍，敲击时不会发出声音。当地人唯独喜爱它色泽洁白莹润如玉，有的栽种小植物或者鸢尾在石头的孔窍处，或者放在器皿中赏玩，互相抬高身价以便出售。宋太宗至道初年，杭州皋亭山后出一种石头，与昆山石毫无差别。

昆山石

江华石

原文

道州江华、永宁二县，皆产石。在乱山间，于平地上空砻积叠而生，或大或小，不相粘缀。江华一种稍青色，一种灰黑，间有巉岩之势，其质侧背粗涩枯燥，扣之有声，未见绝奇巧者。惟永宁所产，大者十数尺，或二三尺，至有尺余，或大如拳，或多细碎，散处地上，莫知其数，率皆奇怪。每就山采取，各随人所欲。既择绝佳者，多为泥土苔藓所积，以水渍一两日，用磁末痛刷。一种色深青，一种微黑，其质坚润，扣之有声。多坳坎，颇类太湖『弹子窝』，峰峦巉岩，四面亦多透空，险怪万状。或有数尺，若太山气象，千岩万壑，群峰环绕，中有谷道拽脚。或类诸物像，不可概举，非人力能为之。大抵其石多白脉，有如大山之巅，合三两峰，间因石脉相连数道，而成瀑布，直落涧壑，凡遇石塞路迸溅，即散漫分流，石之两边，如图写之状。

译文

道州江华、永宁一带都产奇石，在荒山的空地上堆叠，形状大小不一，互相并不粘连。江华县产的石头一种浅青色，一种灰黑色，石头侧面背面质地粗糙干涩，敲击有声，有巉岩峻岭般的形状，看起来很有气势，但是没有特别奇巧的。永宁所产奇石，大的有十几尺，或者两三尺，也有一尺左右的，还有拳头大小或者更细碎的。散落在地上到处都是，不知道到底有多少。形状都很奇怪。开采的时候没有定势，随个人所好。有时采到特别好的石头，大多被泥土苔藓所覆盖。

江华石

就将石头用水泡一两天，用瓷末用力刷洗。一种颜色深青，一种浅黑，质地坚硬温润，敲击有声，有的石面坑洼，很像被称为『弹子窝』的太湖石。这种石头奇形怪状，遍布洞穴。有数尺高的石头像崇山峻岭的气象，千岩万壑，群峰环绕，中间有小道相通。有的像各种物体形状，数不胜数，都是天然形成的，非人力可为。大约是因为此石上有很多白色的筋脉，如同大山间的瀑布落下涧壑，遇到石头，水沫迸溅，进而分流顺石而下的场景，就像画中的图景一样。

常山石

原文

衢州常山县思溪，又地名石洪，或云空宇。石出水底，侧垂似钟乳，杂沙泥，不相连接。采人车戽深水，甚难得之。或大或小，不逾数尺，奇巧万状，多是全质。每一石，则有联续尖锐十数峰，高下峭拔嵌空，全若大山气势。亦有拳大者，又于巉险怪岩窦中出石笋，或欹斜纤细，互相撑拄之势。盖石生溪中，为风水冲激，融结而成奇巧。又峰峦耸秀，洞穴委曲相通，底座透空，堪施香烬，若烟云萦远乱峰间。一种色深青，石理如刷丝，扪之辄隐手。又一种青而滑，或以磁末刷治而然。率皆温润，扣之有声。间有质朴全无巧势者。石性稍矿，不容人为，非如灵璧可增险怪也。

译文

衢州常山县思溪村，又叫做石洪，或名空宇。那里的石头出产于水底，形状好像钟乳一样，与泥沙混在一起，石与石之间并不相连。这种石头非常难采，得用车排水才能采得。石头大小不一，但都不超过数尺，奇形怪状，巧妙万分，质地完美。每一块石头仿若数十个陡峭连绵的山峰，起伏峭拔孔窍通透，像一座大山的气势。也有如拳头大小的。还有一种在险怪的山峰中凸起石笋，欹斜纤细，互相支撑，这是因为常山石产于溪水中，被风浪和水波冲刷撞击，所以形成这样奇巧的状貌。还有的常山石峰峦挺秀，

常山石

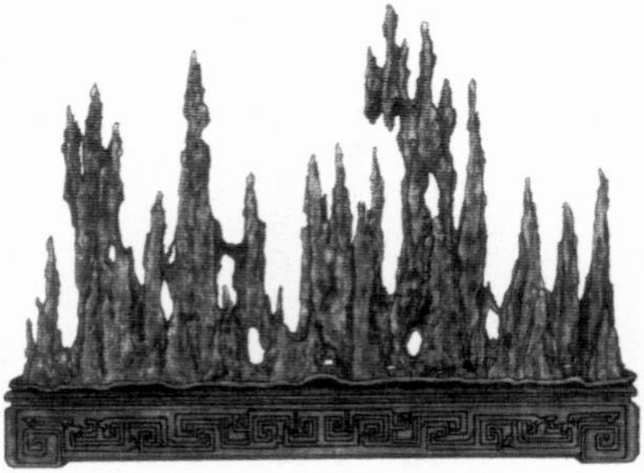

洞穴曲折贯通，底座透空，放入焚香的余烬，似乎云烟在群峰之间缭绕。另外一种深青色的，石头的纹理如同刷子刷出的丝缕一样细密，用手抚摸能感觉到其纹路。又有一种青色而光滑的石头，大约是用瓷末刷洗才变成那样的。这两种石头质地都很温润，敲击有声。也有形貌质朴并不奇特的常山石，打磨起来很困难，不像灵璧石那样可以通过雕琢使它变得险怪。

开化石

原文

衢州开化县龙山，深土中出石，磊魄，或巉岩可观，色稍燥，扣之有声。又，地名鳖滩，亦多产石水中，色稍青润，石质骨粗而肉细，率皆全质。间有群峰前后罗列若大山气势，比之思溪无峭峯势，扣之亦有声。

译文

衢州开化县龙山的深土中，出产一种或块状突兀或俊俏奇伟的石头，质地略微干燥，敲击能发出声音。另外有个地方叫鳖滩，水中产石，比龙山的石头更清润一些。棱角粗糙但是质地润泽。这种石头大多是整块的，偶尔也有像巍峨群山状的石头。比起思溪的石头，显得不够峭拔，敲击起来也能发出声音。

开化石

澧州石

原文

澧州石产土中，磊魂而生，大者尺余，亦有绝小者，颇多险怪巉岩，类诸物状。其质为沙泥积渍，费工刷治。石理遍铺丝，扪之隐手。色青白稍润，间有白脉笼络。土人不知贵，士大夫多携归装缀假山，颇类雁荡诸奇峰。

译文

澧州石产于土中，堆叠而生，大的一尺左右，也有非常小的，形貌奇特如险怪高山，也有如各种物体的。因为被泥沙浸渍，刷洗起来很费功夫。石头遍布细丝纹理，摸起来略微能感觉到。颜色青白稍微有点润泽，偶尔有白色的脉络盘绕石上。当地人不知道此石的珍贵，而士大夫多携带这种石头回去装点假山，很有雁荡山奇峰的感觉。

澧州石

英石

原文

英州含光真阳县之间，石产溪水中，有数种。一微青色，间有白脉笼络，一微灰黑，一浅绿，各有峰峦，嵌空穿眼，宛转相通。其质稍润，扣之微有声。又一种色白，四面峰峦耸拔，多棱角，稍莹彻，面面有光，可鉴物，扣之无声，采人就水中度奇巧处錾取之。此石处海外辽远，贾人罕知之。然山谷以谓象州太守，费万金载归，古亦能耳。顷年，东坡获双石，一绿一白，目为仇池。又乡人王廓，夫亦尝携数块归，高尺余，或大或小，各有可观，方知有数种，不独白绿耳。

译文

英石产于英州境内含光和真阳一带，又名『英德石』。石头出自溪水中，分为几种。一种浅青色，夹带有白色脉络；一种浅灰黑色；一种浅绿色。都呈现峰峦之势，石上有相通的洞穴。质地比较润泽，敲击起来有微小的声音。又有一种白色的，四面都如峭拔的峰峦，棱角分明，质地较莹润，光可照人，敲击起来没有声音。采石人在水中选择石头的奇巧之处凿下来。这种石头产于边远地带，很少有商家知道。然而象州太守花费万钱从黄庭坚处购买英石赏玩，之前也有类似的事情发生过。苏东坡曾经得到过两块英石，一绿一白，他将石头比喻成仇池山。我的同乡王廓也带回

英石

来几块英石，有数尺高，大小不一，每一块都奇巧可观。这时我才知道英石有好几种类型，并不仅有白色、绿色两种而已。

江州石

原文

江州湖口石有数种，或在水中，或产水际，一种青色，混然成峰峦岩壑，或类诸物状。一种扁薄嵌空，穿眼通透，几若木板，似利刀剜刻之状，石理如刷丝色，亦微润，扣之有声。土人李正臣蓄此石，大为东坡称赏，目为『壶中九华』，有『百金归买小玲珑』之语。然石之诸峰，间有作来奇巧，相粘缀以增玲珑，此种在李氏家颇多，适偶为大贤一顾彰名，今归尚方久矣。又有一种，挺然成一两峰，或三四峰，高下峻峭，无拽脚，有向背，首尾相顾，或大或小，土人多缀以石座，及以细碎诸石胶漆粘缀，取巧为盆山求售，正如僧人排设供佛者，两两相对，殊无意味。

译文

江州湖口有几种石头，或产于水中或产于水畔，有的通体青色，形状如同峰峦叠嶂，或是像各种物体。有的又扁又薄，孔洞相通，宛如被刀子削割的木板，石头的纹理如同刷丝纹，颜色温润，敲击起来能发出声音。当地有个叫李正臣的人收藏这种石头，苏东坡大为称赞，称此石为『壶中九华』，用『百金归买小玲珑』的诗句来赞叹此石形貌。也有人工做出这种石头的奇巧来。这种事情在李氏家族屡见不鲜，正因

江州石

为被名人青睐过而名声大噪，现在早已被皇家宫苑收藏已久。还有一种，如同一两座或者三四座挺立的山峰，分正反面，首尾相顾，形状有大有小。当地人给它们配上石座，用细碎的小石头加上胶漆人为粘连加工成奇巧的盆景出售。这就像僧人排设拜香者，毫无意趣。

袁石

原文

袁州万载县去县十余里，石无数，出野田间，其质嶙峋，微青色，间多峰峦，岩窦四向，又有石罅中上下生小林木，蓊郁可喜，或高三四尺，或五六尺，全如一大山气势。经行凡数百步，不断目，地名为『乱石里』。土人以石占田垄，有妨布种，恨不之去。惜乎地远，人罕知者。

译文

袁石产自袁州万载县内。在野外田间数量很多，质地嶙峋，颜色微青。形状峰峦叠嶂，石缝中生长着小型林木，郁郁葱葱。有三四尺高的，也有五六尺高的，气势磅礴犹如高山一般。行走几百步的距离，满目都是这种石头，所以此地称为『乱石里』。因为这些石头散落在耕地里妨碍耕种，所以当地农民很是苦恼。又因地处偏远，知道这种石头的人很少。

袁石

袁石

原文

又

袁州分宜县距县二十里，有五侯岭，岭上四旁，山石岿嶨峭绝，若划裂摧倒势，其嵌空巉岩中，多狙猨。凡山下石或立或伏，当是山土飞堕者，色绀青，不润泽，玲珑奇怪万状，间有数人可远致者。临江士人鲁子明有石癖，尝亲访其处，以渔舟载归潇滩，置所居。又去县十里，有石洞名『洪阳』，游者持炬以入。凡十有六室，诡怪百状，又有石乳、石田、

译文

此外，袁州分宜县距县城二十里有个叫五侯岭的地方，这里山势险峻，满布怪石，就像被刀斧劈开一样，到处都是摇摇欲坠的危石。这些石头有的站立，有的伏地，黑里透红，外表粗糙，千姿百态，还有些是几人合力才能搬运的巨石。临江士人鲁子明十分喜爱奇石，曾经亲自造访此地，并用船把奇石运回潇滩，放于自己的住所。离县城十里的地方，有个石洞，叫作『洪阳洞』，有游客可持火炬入内。洞内有十六个石室，每个都很诡异，

牛羊、钟鼓，及仓廪、床榻之类。石高数丈，段段有边幅，有如船樯驾帆饱疾风状。石田顷亩，与真无异。凡洞高处，刻唐人题字，仿佛可辨。父老云：以晋葛洪、娄阳二仙所隐得名，其洞穴深邃不可遍览。顷，一道人结庵，欲尽游其室，赍粮秉炬，才历数室，闻洞上有篙撑船声，骇惧而返。

姿态万千。还有石乳、石田、牛羊、钟鼓、仓廪、床榻等。石头高几丈，每块都很完整，尤其是石船，犹如吃饱了风，在大海里疾驰。石田有一顷大小，与真的没有两样。洞中高处还有很多唐代的题字刻石，字迹还依稀可见。相传晋朝，道家先人葛洪和娄阳曾经在此隐居，由此得名。洞中幽深，很少有人可全部游览。后来有道士在此修建草庵，打算详细地研究一下洪阳洞，便带上口粮，拿着火把，进洞探究，突然听见有撑船前行的声音，惊恐万分，当即就返回了。

平泉石

原文

平泉石出自关中，产水中，李德裕每获一奇，皆镌『有道』二字。顷年，余于颍昌杜钦益家赏一石，双峰高下，有径道挺然，长数尺许，无嵌空岩窦势，其质不露圭角，磨砻光润而清坚，于石罅中镌『有道』二字，扣之有声，尚是平泉庄故物也。

译文

平泉石产于关中地区的水中。李德裕每得到一块奇石，就在石头上镌刻『有道』两个字。近些年我曾在颍昌的杜钦益家欣赏过一块石头，呈两座山峰并立之势，山间有数尺长的小道，没有孔洞，没有棱角。表面打磨得非常光滑润泽，质地坚硬。石头上的缝隙中镌刻着『有道』二字，敲击能发出声音，这应当就是平泉别墅当年的收藏品了。

平泉石

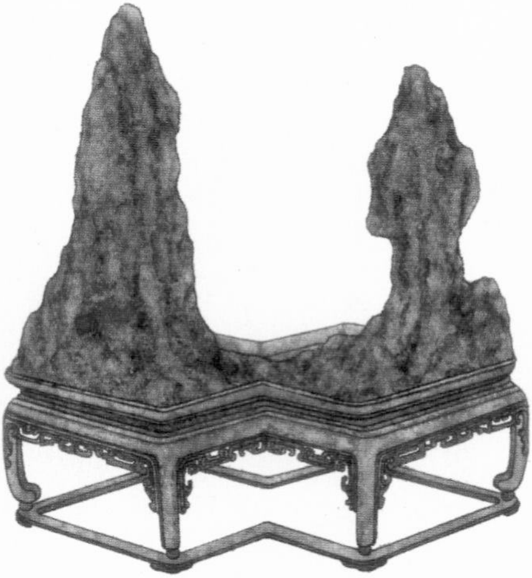

兖州石

原文

兖州出石如褐色，谓之栗玉，有巉岩峰峦势，无穿眼，其质甚坚润，扣之有声，堪为器，颇费镌砻。土人贵重之，与北方所产栗玉颇相类，但见峰峦一律耳。

译文

兖州石，产于山东兖州。石头是褐色的，人们叫它『栗玉』。形状像险峻峭拔的高山，没有贯通的洞穴。它的质地十分的坚硬润泽，敲击它能发出声音。可以制作为器具，但是因为石质坚硬，雕琢打磨起来很费功夫。当地人很珍视这种石头，它与北方一种叫栗玉的石头很相似，峰峦一致。

兖州石

永康石

原文

蜀中永康军产异石。钱逊叔遗余一石，平如版，厚半寸，阔六七寸，面上如铺纸一层，甚洁白。上有山一座，高低前后，凡十数峰，剧有佳趣。四边不脱其底，山色皆青黑，温润而坚，利刀不能刻，扣之，声清越，目为『江山小平远』。逊叔得之蜀中部使者，云出自永康军。后未见偶者。

译文

四川永康军地区产奇石。钱逊叔曾赠送我一块石头，外形如同刻版一样平整，厚半寸，宽六七寸，表面干净洁白，如同铺了一张纸，石上的花纹犹如一座有十几个跌宕起伏山峰的高山，十分有趣。山的四边与石的底部相连，山的颜色青黑。质地温润而坚硬，即便用锋利的刀子刻画都不会留下印迹。敲击时会发出清脆的声音。可以用『江山小平远』来形容。这块石头是钱逊叔从四川人那里得到的，说是产自永康军地区，之后我再未见到相同的石头了。

永康石

耒阳石

原文

衡州耒阳县土中出石，磊魂巉岩，大小不等，石质稍坚。一种色青黑，一种灰白，一种黄而斑。四面奇巧，扣之无声。可置几案间，小有可观。

译文

耒阳石，产于衡州耒阳县的土中。形状危岩耸立，大小不等，质地较为坚硬。颜色主要有青黑色、灰白色、黄色带斑点几种。这种石头四面的花纹都十分奇巧，敲击它没有声音。若是放在桌案上玩赏，也有可观之处。

耒阳石

襄阳石

原文

襄阳府去城十数里，有山名凤凰，地中出石，积长尺许。或如拳者，巉岩险怪往往有大山势。色稍青黑，间有如灰褐者，扣之有声。土人不甚重。政和年间，惟镇江苏仲恭留台家有数块，置几案间。

译文

距离襄阳府城十余里的地方有座凤凰山，地里出产一种石头，一般一尺多长，也有如拳头大小。形貌如同危岩嶙峋的高山，气势不凡。颜色稍带青黑色，也有类似灰褐色的。敲击有声。当地人却并不重视它。政和年间，只有镇江的苏仲恭家有几块襄阳石，放在几案上。

襄阳石

镇江石

原文

镇江府去城十五里，地名黄山；鹳林寺西南，又一山名岘山，在黄山之东，土中皆产石。小者或全质，大者或镌取，相连处险怪有万状。色黄，清润而坚，扣之有声，间有色灰褐者。石多穿眼相连通，可出香。

译文

距离镇江府城十五里地，有个地方叫黄山；在鹳林寺的西南方，又有一座岘山，在黄山的东面，土里产一种石头。小的石头比较完整，尺寸大的多是凿取下来的。石与石相连处像错综复杂的山谷。这种石头颜色发黄，质地坚硬清润，敲击有声，也有灰褐色的。石与石相连之处像错综复杂的山谷，石头上有许多孔洞，可以插上熏香赏玩。

镇江石

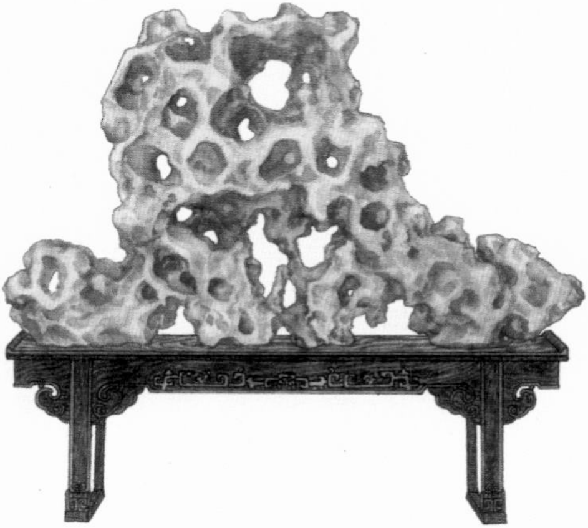

苏氏排衙石

原文

镇江苏仲恭留台家有一石，如蹲狮子，或如睡鸂鶒，罗列八九株，太守梅知胜目之为『苏氏排衙石』。又有一石笋，高九尺有奇，混然天成，目之为『栋隆』。悉归内府矣。崇宁间，米元章取小石为研山，甚奇特。岘山石多青润，而产黄山者率多土脉，少有可镌治者。

译文

镇江御史台苏仲恭家有一种石，有的如一头蹲坐的雄狮，有的像一只睡着的鶒鸂，这样的石头有八九块。当时太守梅知胜称它为『苏氏排衙石』。此外还有一块被称为『栋隆』的石笋，九尺多高。最后都归皇宫内府所有。宋崇宁年间，米芾曾经收藏了一块小石头取名为砚山，造型非常奇特。岘山石大多比较清润，不像黄山石的土质偏多，很难有可以打磨雕琢的。

苏氏排衙石

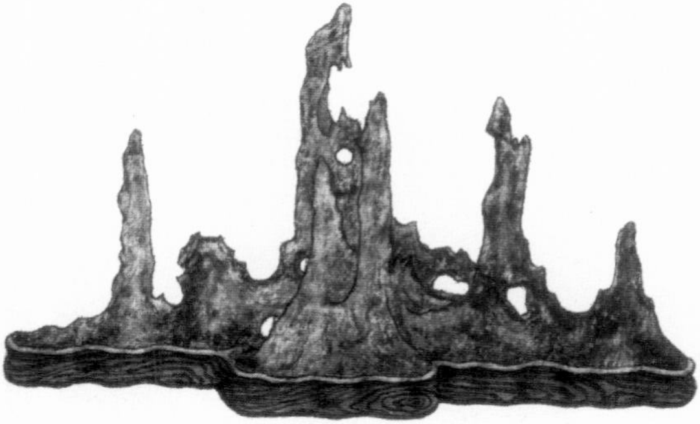

仇池石

原文

韶州之东南七八十里，地名『仇池』，土中产小石，峰峦岩窦甚奇巧。石色清润，扣之有声，颇与清溪品目相类。

译文

韶州城（今韶关市西南）东南方向七八十里地有个地方叫做仇池。这个地方的土中出一种小型的石头，如同高低起伏的峰峦，很是奇巧。仇池石色泽清润，敲击有声，与清溪石很相似。（仇池石也就是广东韶关的英石。）

仇池石

清溪石

原文

广南清溪镇去三五十里，土中出石，巉岩险怪。一种色甚清润，扣之，声韵清越，一种色白。顷年，苏仲恭家置于几案间，有七八石，甚奇巧。此石所产相邻青绿坑，尤奇于他处。

译文

云南广南清溪镇三五十里的地方，土中出产一种石头，奇巧险峻。一种颜色非常清润，敲击起来声音清越；另一种颜色发白。前些年，苏仲恭收藏有一些这样的石头，有七八块形状非常奇巧，陈列于案几上观赏。在清溪石的产地附近，还有一处叫做青绿坑，那里产出的石头比起其他地方的奇石更加精妙。

清溪石

刑石

原文

刑州西山接太行山，山中出石，色黑，峰峦奇巧，可置几案间。土人往往采以为砚，名曰『乌石』，颇发墨。又一种稍燥。苏仲恭有三砚，样制殊不俗。

译文

刑州西山与太行山相接，山中产一种黑色的形状像奇巧山峰的石头，可以放在几案上观赏。当地人开采它做成砚台，叫『乌石』，很是发墨。另有一种刑石质地较为干燥。苏仲恭有三块这样的砚台，制作的式样和工艺都不落俗套。

刑石

卢溪石

原文

袁州石出溪水中，色稍青黑，有嵌空险怪势。大者高数尺，鲜有小巧者。唐卢肇隐居溪侧，草堂前立一大石，高丈余，三峰九窍，甚奇怪，自谓『卢溪石』。崇宁间，欲辇置内府，以石背多有前人刻字，语或时忌，遂止之不用。

译文

卢溪石产自袁州的溪水中。颜色主要是青黑色。大的有几尺高，小巧的很少见。唐代卢肇居住在卢溪边的草屋，他在屋前立了一块石头，有三座峰峦，九个孔窍，形状奇异，自己命名为卢溪石。崇宁年间，官府曾经想把这块石头移入皇宫，终未能成愿。可能因为石头上有许多前人的题字，有些字句犯了当时的忌讳，因此作罢。

卢溪石

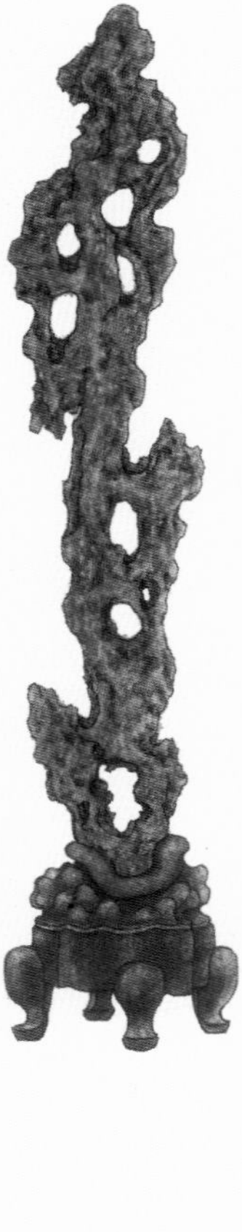

排牙石

原文

临安府府署之侧，一山甚高，名拜郊台，吴越钱氏故迹。山巅险峻处，两边各有列石数十块，从地生出者。峰峦巉岩，穿眼委曲，翠润而坚，谓之排牙石。

译文

临安府衙旁有一座高山，名为『拜郊台』，是吴越钱氏的遗迹。山上险峻的地方两旁各有奇石几十块排列成行，这些石头像险峻的山峰，有相通的石洞，绿意盎然，质地坚硬。称为排牙石。

排牙石

品石

原文

建康府有石三块，颇雄伟，岩洞险怪，色稍苍翠，遍产竹木，茂郁可观。石罅中有六朝唐宋诸公刻字，谓之品石。

译文

建康府有三块奇石，气势雄伟，洞穴相通，很是险怪。色泽苍翠，周围种满竹木，郁郁葱葱，十分茂盛。石缝中有六朝至唐宋诸多先人的题字，称为『品石』。（据考证，这三块奇石现放置于江苏无锡梅园里，称为福禄寿『三星石』。）

品石

永州石

原文

永州署依山厅事之东隅，顷岁，太守黄叔豹因其地稍露山谷，除治积壤十余尺，得真山一座。凡八九峰，岩洞相通，翠润可喜。有唐人刻字于诸峰之侧，甚奇古。有一石，横尺余，联缀石上，全若水禽。因引泉出水，潴满岩窦，其石正浮水面，亦有唐人刻字，目之为『鸂鶒石』。又群山之后，下广二顷余，率皆怪石，罗布田野，间或为居人蔽隐。元次山创万石亭于郡之山巅。

译文

永州官府依山而建，几年前，由于府衙东侧露出很多石头，太守黄叔豹便让人整治清扫，结果竟挖出了一座山，有八九个山峰。山上孔窍贯通，郁郁葱葱，莹润可爱。山峰侧面有唐人题字，极富古韵。有一块一尺多长的奇石与这座山石相连，形若水禽。人们引来泉水，注满石下的石穴，这块奇石就好似一只水鸟浮在水面上。石头上也有唐人题字，仔细辨认是『鹣鸂石』几个字。山后面是一块两顷多的空地，散落着很多怪石，布满田野之间。有的被民居遮挡了。唐代的元次山曾经在城内的山顶盖过一座『万石亭』。

永州石

石笋

原文

石笋所产，凡有数处：一出镇江府黄山，一产商州，一产益州，诸郡率皆卧生土中。采之，随其长短，就而出之，或有断而出者。大者二三尺，小者尺余，皆微着土。其质挺然尖锐，或扁侧有三两面，纹理如刷丝，隐起石面，或得涮道。扣之，或有声。石色无定，间有四面备者，又有高一二丈，首尾一律，用斧凿修治而成。

译文

石笋主要产自镇江府黄山，商州以及益州一带。都是在土里横卧而生。采石人根据其长短将它们开采出来，也有被凿断的。大的有两三尺长，小的有一尺左右，都覆盖着薄土。质地十分坚硬，形状挺拔，多为条柱形，有锐利的尖端。表面的纹理像『刷丝』一样，有的隐约可见，有的比较深。敲击有声，颜色多变。偶尔有四面都很完美的，也有高一两丈的，首尾形状一致，都是用斧凿打磨修饰而成的。

石笋

袭庆石

原文

袭庆府泰山石，产土中，大小逾三四尺，间有磊魂碎小者，色灰白，或微青。亦有嵌空险奇怪势，其质甚软，可施镌砻，土人不甚珍爱。

译文

袭庆府的泰山石产于土中，大小超过三四尺，也有磊块堆叠在一起的，但比较细碎。它的颜色大多灰白或微微发青。也有很多凹穴险峰，奇特古怪。它的石质很软，可以雕刻打磨，当地人不太珍视它。

袭庆石

峄山石

原文

峄山在袭庆府邹县，山土中产美石，间有岩穴穿眼，不甚宛转深邃，亦有峰峦高下，无峭峷势。其质坚矿，不容斧凿，色若挼蓝，或如木叶，翠润可喜。

译文

峄山在袭庆府的邹县，山中出产美石。石上偶尔有些不相通的石洞。虽然有起伏的峰峦，但并不险峻。质地坚硬，很难加工雕刻。颜色像蓝草，也有如树叶的青绿色。

峄山石

下山石

原文

湖州西门外十五里有下山，在群山最为嶒崒。顷，朱先生所居之。产石奇巧，罗布山间，巉岩礌磈，色类灵璧，而清润尤胜。叶少蕴得其地，盖堂以就其景，因号『石林』，石上皆有李唐游人题字，自颜鲁公而下悉署焉。又州之西北，凤凰山后，地名『前山』，于乱筱间有石生土中，下多流泉，石质嵌空险怪，往往多穿眼，青翠如湖口。悉高大，鲜有小者。宣和间，尝使土人取之，重不可致，今尚有数块留道傍。

译文

湖州西门外十五里有座下山，相传朱熹曾在此居住。此地出产奇石，造型奇特，嵌空透漏，零星散布在山石之间，颜色与灵璧石类似，且更为清润。叶少蕴发现了这个地方，修筑了一间与景致融合的草堂，自号『石林』。石上都有唐人的题字，从颜真卿至下都有，不一而足。另外，湖州西北的凤凰山后，地名为『前山』的草丛中，土里出一种石头，石下多有泉水流淌，石头质地奇特，洞眼宛转透漏。像湖口石一样青翠，都很巨大，很少有小的。宣和年间，官府曾让当地人掘取此石，因为石头太重，未能搬运成功，至今仍有几块遗留在道路两旁。

卞山石

涵碧石

原文

婺州东阳县之南五里有涵碧池，唐令于兴宗得其胜概：凿池面瀑布，有二大石鱼，置沼面；鱼之前，有石一块，高大二许，巉岩可观；石之半凹然如掌。罗隐江东著书，尝以为砚，好事者每往游览。刘禹锡有诗在集中。

译文

婺州东阳县城南五里处，有一个涵碧池，是唐代东阳县令于兴宗修整出来的，是一处风景胜地。水池对面有一处天然瀑布，池中有两块石头，好像鱼在水中悠游。石鱼前还有一块巨石，如同陡峭的山峰，巍然耸立。半腰处有一处凹陷，形如手掌。唐代罗隐在此地隐居，常常在池边沉思，寻找写作的灵感，在凹陷处作为砚池研墨。后人常来此附庸风雅游览一番。刘禹锡曾经在《答东阳于令寒碧图诗》中详细记载了发现涵碧石一事。

涵碧石

吉州石

原文

吉州数十里土中产石，色微紫，扣之有声，可作砚，甚发墨，但肤理颇矿燥，较之永嘉华严石，为砚差胜。土人亦多镌琢为方斛诸器。

译文

吉州数十里外出产一种石头，颜色微紫，敲击有声，可做成砚石，适合发墨，但石头肌理甚为粗糙，和永嘉华严石相较，为砚便差些。当地人多用其做成方斛一类器皿来使用。

吉州石

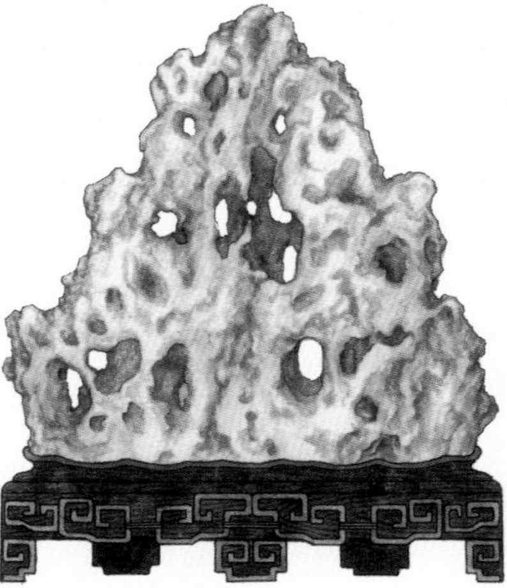

全州石

原文

全州湘江一带，溯流而上，江边两岸狭处，间有土石山，悬石如钟乳，嵌空巉岩万状，扣之，声清越。色类灵璧，青翠可喜。余舟过石侧，击取数块，高尺余，甚奇巧。

译文

沿湘江全州段逆流而上，江岸狭窄的地方有座土石山。石头像倒悬的钟乳石，孔洞通透，形状奇特万状，敲击起来，声音清越。颜色和灵璧石相近，青翠可爱。我坐船经过那里的时候，敲了几块一尺来高的石头，造型很是奇巧。

全州石

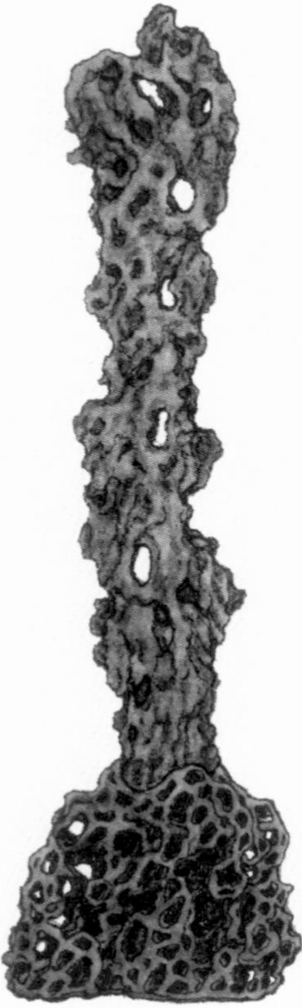

何君石

原文

临江军新淦县玉笥山石梁间有洞，名『何君』。按《图经》：十人避秦，九人仙去，独何君为地仙，居其洞，故因号焉。岩洞透邃，中有石棋枰。山之前后，闻产巨石，皆险怪。昔有一石悬于洞口，其状如云，广数尺，巉岩秀碧，扣之无声，土人何氏，击取置亭榭中。

译文

临江军新淦县的玉笥山上有个何君洞。据《图经》记载，曾经有十个人因为不堪秦朝暴政来此居住。后来其中的九个人成了神仙，只有何君一人成了地仙，住在岩洞里，所以这里被叫作何君洞。洞很深，前后通透，还有一个石头棋枰。玉笥山周边有很多巨大的石头，大多奇形怪状。传说何君洞的洞口也有一块，形如云朵，清秀碧绿，敲击无声，当地一个何姓人把石头凿取下来，放在自家观赏。

何君石

蜀潭石

原文

筠州高安县之东北，有水出自丰城，号济步江。自江口入四十里，地名蜀潭。水中多产巨石，四面无峭崒势，穿眼委曲，不甚苍翠。鲜有小巧者。

译文

筠州高安县东北部有一条济步江，是一条从丰城流出的小河。离江口四十里有个叫蜀潭的地方，水中出产一种巨大的石头，石头四面并不险峻峭拔，但是却有相互贯通的孔洞。石头的颜色不很苍翠，也很少有形状小巧的。

蜀潭石

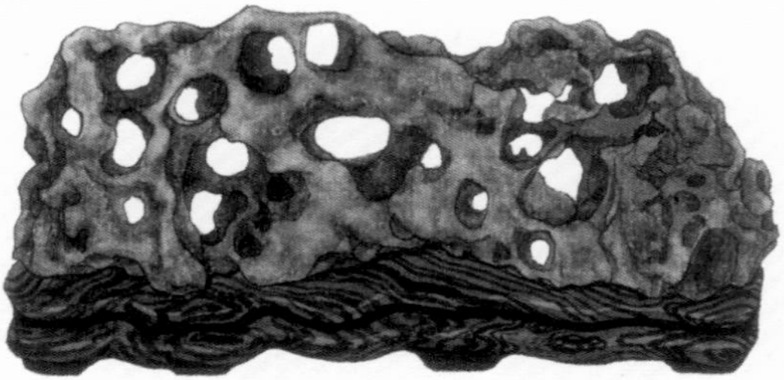

洪岩石

原文

饶州乐平县东山乡，地名『洪岩』，有三洞，名木、梓树、水岩，各有岩穴，炬火而入，自水岩上半间，可下数十丈，方到底。闻水声如雷，穷之，即无水源。其洞中有石田、钟、鼓、磬、仙人帐，若人力所为。其山高下，巉岩翠碧，穴中有石佛、罗汉，相仪如生，高十余尺。

译文

饶州乐平县东山乡有个叫洪岩的地方。有三个洞穴，分别是：木岩，梓树岩，水岩。举着火把进去，从水岩的上半部分出发，向下十几丈，才能到洞穴底部。在里面能听到巨大的水流冲击声，但是看不到水源。洞内有石田、石钟、石鼓、石磬、仙人帐，犹如工匠雕刻而成。这座山的上下到处都是悬崖峭壁，植被苍翠，洞中有形如佛陀罗汉的石头，栩栩如生，有十余尺高。

洪岩石

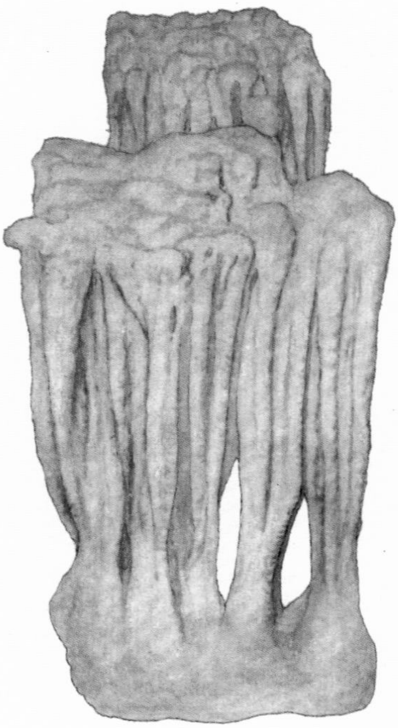

韶石

原文

韶州黄牛滩水中产石，峰峦巉岩百怪，其色或灰，扣之，微有声。凡就水采取，质皆枯燥，须用磁末刷治，即色稍青。其质颇与道州永明石品相类，间有奇巧而小者。

又

韶州石绿色，出土中。一种色深绿，可镌砻为器。一种青绿相兼，磊魂或如山势者。一种色稍次，一种细碎杂沙石，以水烹砚作数品，入颜色用。大抵穴中因铜苗气薰蒸，即此石共产之也。

译文

韶州黄牛滩水中产一种石头，形状如险峻的山峰，千奇百怪。有些是灰色的，敲击时发出微小的声音。凡是从水里采出的石头，质地枯燥，需要用瓷末刷洗，颜色才会稍稍发青。它的质地和道州永明的石头相似。偶尔也有形状奇巧而尺寸玲珑的。

又有一种韶州石多为绿色，产自泥土中。颜色深绿的，可制成日常器皿；颜色青绿相兼的，堆叠一起像山的形状；还有颜色稍浅的；还有质地细碎杂有泥沙的，这种经过研磨，蒸煮，可以制成颜料。大概是受铜矿长期薰蒸，共同生长的缘故。（据描述，此种韶石就是石绿。）

韶石

萍乡石

原文

袁州萍乡县距县百余里，地名『石观』，突兀一山，石洞穴深六七丈，岩上垂石如钟乳，高低无数，嵌空险怪，奇秀可玩。山之近侧，皆有怪石隐草木中。土人不知贵。

译文

距离袁州萍乡县城一百多里有个叫『石观』的地方。有一座突兀挺拔的高山，山中的石洞穴深达六七丈，有许多倒垂的钟乳石，高低不一，数不胜数，形状奇异，可供赏玩。山的附近还有许多形状奇特的石头隐藏在草木丛生之处，当地人却不知道这种石头的珍贵。

萍乡石

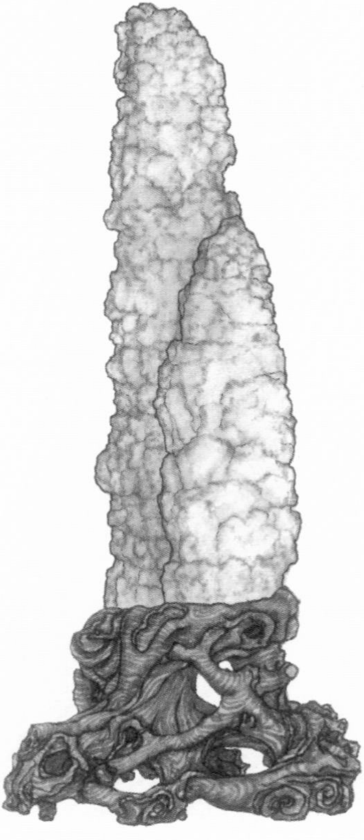

修口石

原文

洪州分宁县地名修口，深土中产石，五色斑斓，全若玳瑁，石理细润，或成物像，扣之，稍有声。土人就穴中镌砻为器，颇精致，见风即劲，亦堪作砚，虽粗而发墨云。

译文

洪州分宜县有处地名为修口，其深土中产一种石头。修口石主要是赭色，兼五彩斑斓，类似玳瑁，质地坚硬，纹理细润，有的纹理很像各种物体的形状，敲击时发出微弱的声音。当地人在土洞中打磨雕刻成精美的器物。遇风会变得特别坚实，适合制作砚台，虽然质地粗糙然而发墨很好。（清代道光皇帝侍读、修水籍万承凤将用修口石制作的砚台呈道光皇帝，帝赐名『修水赭砚』，视为珍品。）

修口石

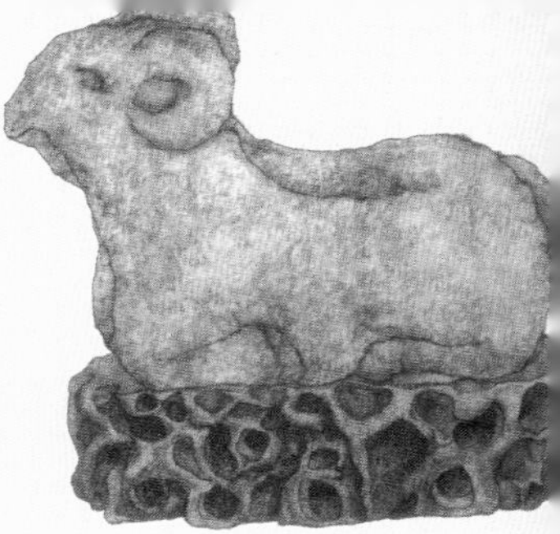

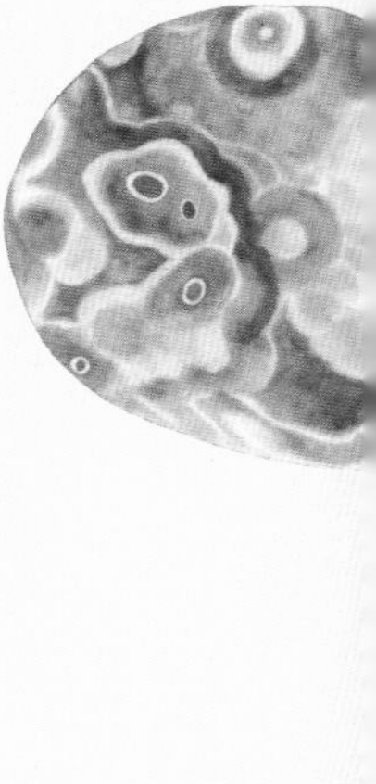

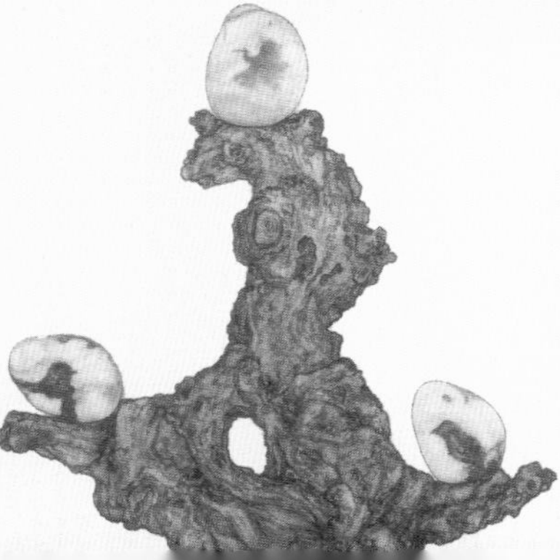

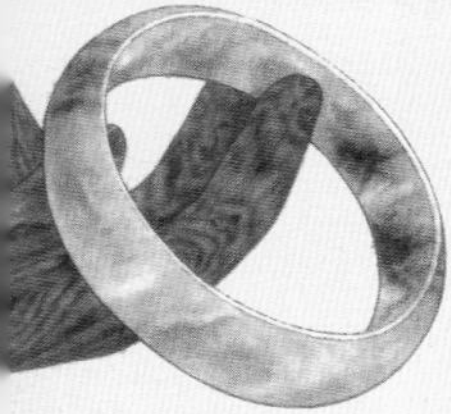

中卷

鱼龙石

原文

潭州湘乡县山之颠，有石卧生土中。凡穴地数尺，见青石揭去，谓之盖石。自青石之下，微青或灰白者，重重揭取，两边石面有鱼形，类鳅鲫，鳞鬣悉如墨描。穴深二三丈，复见青石，谓之载鱼石。石之下即着沙土，就中选择数尾相随游泳，或石纹斑剥处全然如藻荇，但百十片中，然一二可观。大抵石中鱼形，反侧无序者颇多，间有两面如龙形，作蜿蜒势，鳞鬣爪甲悉备，尤

译文

潭州湘乡县的山顶，有石卧生于土中。挖几尺深的土就能见到青石，揭去这层叫作『盖鱼石』的石头，下面有色泽微青或者灰白的石头，将这种石头层层揭取，石头的两面都有像墨描绘的泥鳅、鲫鱼等图案。再深挖两三丈，就是称为『载鱼石』的青石，石头下面黏着沙土。有些石上有数尾游动的鱼形化石，石纹斑驳处类似水藻漂浮的样子，百十片青石

鱼龙石

鱼龙石

原文

为奇异。土人多作伪，以生漆点缀成形，但刮取烧之，有鱼腥气，乃可辨。又陇西地名鱼龙，掘地取石，破而得之，亦多鱼形，与湘乡所产无异。岂非古之陂泽，鱼生其中，因山颓塞，岁久土凝为石而致然？杜甫诗有：『水落鱼龙夜，山空鸟鼠秋。』正陇西尔。

译文

中也只有一两片比较好的。一般的鱼形化石，杂乱无章的很多，比较珍贵的是那些具有龙样斑纹的石头，龙的毛、角、鳞、趾等栩栩如生，这就很奇异难得了。当地人为了牟利，常常作假，用生漆点画成鱼龙的形状，辨别真伪很简单，只要刮一小块在火上烤，有鱼腥味的就是真化石。陇西有个叫鱼龙的地方，挖出的鱼龙石和湘乡

所产的一样。这难道不是因为古代湖泊里的鱼因为地壳运动被埋于山石之下，年代久远化而为石形成的吗？杜甫有诗云『水落鱼龙夜，山空鸟鼠秋』，正是陇西的景象。

莱石

原文

莱州石色青黯，透明斑剥，石理纵横，润而无声，亦有赤白色。石未出土最软，土人取巧镌雕成器，甚轻妙。见风即劲，或为铛铫，久堪烹饪，有益于铜铁。

译文

莱州境内出产的石头，色泽深青，表面虽透明却满是斑驳，带有纵横交错的纹路。石质细润敲击无声。也有红白色的。石未出土时很软，可以打磨成各种器物，在空气中暴露一段时间后，会变得坚硬似铁，用莱石制成的石锅和石铫比铜铁器皿更加耐烧。

莱石

虢石

原文

虢州朱阳县，石产土中，或在高山。其质甚软，无声。一种色深紫，中有白石如圆月，或如龟蟾吐云气之状，两两相对。土人就石段揭取，用药点化镌治而成，间有天生如圆月形者，极少。昔欧阳永叔赋《云月石屏诗》，特为奇异。又有一种色黄白，中有石纹如山峰，罗列远近，涧壑相通，亦是成片修治镌削，度其巧趣，乃成物像。以手拢之，石面高低，多作砚屏，置几案间，全如图画。询之工人，石因积水浸渍，遂多斑斓。

译文

虢石产自虢州朱阳县的高山或土中，质地细腻，柔滑，敲击无声。有种颜色深紫的，中间有白色如圆月的花纹，也有像乌龟蟾蜍两两相对吐云气的图案。当地人按照石头的结构截取开采，用药涂在石头上雕刻加工。偶尔有天生像圆月形状的，非常罕见。昔日，欧阳永叔曾经赋《云月石屏诗》，认为此石非常奇异。还有一种色泽黄白的中间有山峰般的花纹，有远有近，涧壑相通，也是由匠人成片的雕刻镌修，选其奇巧之处，制成物像。用手抚摸，能感觉石面高低起伏，多做成研屏，放在几案之间，如画卷一般。匠人解释说这是因为石头被积水浸渍，形成五彩斑斓的纹路。

虢石

阶石

原文

阶州白石产深土中，性甚软，扣之或有声，大者广数尺，土人就穴中镌刻佛像诸物，见风即劲。以滑石末治令光润，或磨砻为板，装制砚屏，莹洁可喜。凡内府遣投金章玉简于名山福地，多用此石，以朱书之。

译文

阶州白石产于地层深处。质地很软，有些敲击的时候能发出声音。大的方圆几尺，当地人在坑穴中把石头雕刻成佛像等器物，见风石质就会变得坚韧。用滑石粉打磨使其光滑润洁，或者打磨成石板，制作成研屏，莹润可爱。但凡宫廷内院派遣使者投掷金龙玉简于名山福地，多选用这种石材制作玉简，用朱砂在上面书写所拟内容。

阶石

登州石

原文

登州海岸沙土中，出石洁白，或莹彻者，质如芡实，粒粒圆熟。间有大者，或如樱桃。土人谓之『弹子窝』，久因见风涛刷激而生。

译文

登州沿海岸的沙土中出产洁白的石头，质地润泽，如同芡的种子，颗颗圆润，偶尔有大如樱桃李子的，当地人称其为『弹子窝』，因为它是受海浪长期冲刷形成的。

登州石

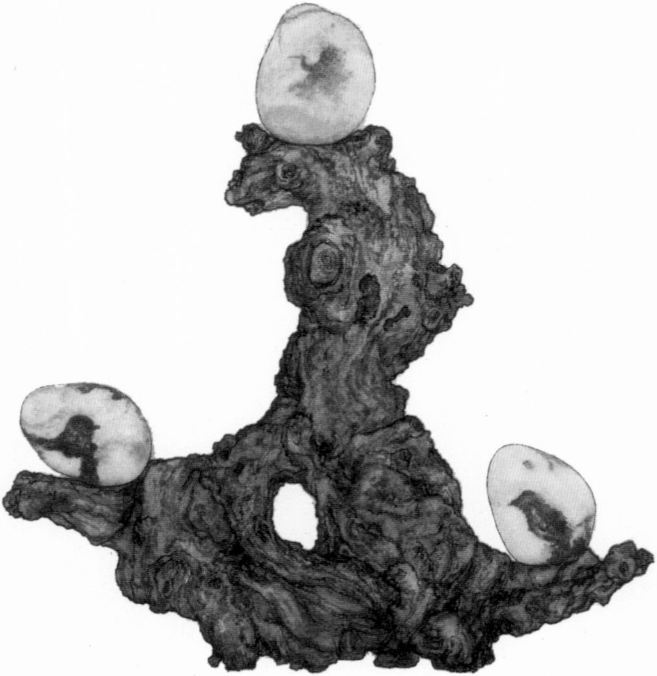

松化石

原文

唐陆龟蒙得石枕琴焉，因作《二遗诗》，序中言东阳永康一路，松老皆化为石。顷年，因马自然先生在永康山中，一夕大风雨，松林忽化为石，仆地悉皆断截，大者径三二尺，尚存松节脂脉纹。土人运而为坐具，至有小如拳者，亦堪置几案间。

译文

唐代陆龟蒙曾经得到石枕、古琴的石座，因此作了《二遗诗》。序中说，东阳、永康一带，松树老了之后都化为石头。前些年，马自然先生在永康山中，一夜大风大雨，松树突然都变成了石头，倒在地上断成几截，大的直径有两三尺，还带有松节，松脂和松树的自然纹理。当地人把松化石运回家，体积大的制成椅凳，小的拳头大的放置在桌案上观赏。

松化石

穿心石

原文

襄州江水中多出穿心石，色青黑而小，中有小窍。土人每因春时竞向水中摸之，以卜子息，亦杂他石。顷年，家弟守官偶步水际，获得一青石，大如鹅卵，白脉如以粉书草字两行。把玩累日，为贵公子夺去。复搜求之，不可再得矣。

译文

穿天石，产于襄州的江水中。体积较小，主要是青黑色。石上带有天然的孔窍。每年春天『穿天节』，当地百姓都会到江水中捡这种石头，用丝线装饰后佩戴在身上，祈求幸福。其中也混杂了其他石头。我的弟弟曾在襄阳为官，散步时在水边捡到一块鹅卵石大小的青石，上面还有白色的好似两行草字的纹路。把玩数日，被当地贵公子抢去，后来再寻找这样的石头，却再也找不到了。

穿心石

洛河石

原文

西京洛河水中出碎石，颇多青白，间有五色斑斓。采其最白者，入铅和诸药，可烧变假玉，或琉璃用之。

译文

西京洛河水中产出的石头比较细碎，主要是青白色。也有五彩斑斓的。选其中最白的，加入铅和其他药物，烧制之后，可变成假玉或琉璃。

洛河石

零陵石燕

原文

永州零陵出石燕，昔传遇雨则飞。顷岁，余涉高岩，石上如燕形者颇多，因以笔识之。石为烈日所暴，偶骤雨过，凡所识者，一一坠地。盖寒热相激迸落，不能飞尔。土人家有石版，其上多磊磈如燕形者。

译文

石燕产自永州零陵，相传这种石头遇到雨水则会飞走。前几年，我曾在险峻的岩石顶端发现许多像燕子一样的石头，于是用笔做了标记。经过烈日的暴晒后，突遇暴雨，标记的石头落到地上，是因为冷热相激才会崩裂坠落，并不是真的会飞。我在当地人家里看见过一块石版，上面有许多如燕子形状的隆起。石燕形状大多比较扁，两面中央隆起，还有银杏叶状的纹理。颜色主要是青灰色或土棕色。可作药材入药。

零陵石燕

梨园石

原文

相州之北数十里，地名梨园。漳河水中出石数种，或如浓墨圆点成纹，或深黄匾头，颇坚润，土人谓之『量鼓』，堪琢为器物，亦磨作镇纸，其价甚廉。

译文

相州北部数十里的地方名为梨园。这里的漳水河里出产几种石头。有的表面有像黑墨圆点的石纹；有的颜色深黄，形状扁平，质地坚硬润泽，当地人叫它量米器。可以雕琢成器物，或者制成镇纸，非常廉价。

梨园石

西蜀石

原文

西蜀水中出石，甚坚润，色黟白，石理遍有扁纹，如豆大，中有纹如桃杏花心，土人镌砻为龟蟾镇纸。又一种纹理如浓墨匀作圈点，尤温润。又一种微黟黑，石理稍粗涩。又一种斑黑光润，龟背上作盘蛇势，或白或朱，土人以药点饰，谓之『元武石』。

译文

西蜀地区的水中出产一种石头，质地坚硬而润泽，颜色洁白，石头上遍布着扁平的纹理，和豆子差不多大，中间有桃杏花心一样的花纹。当地人把这种石头雕琢成为龟形或者蟾蜍形的镇纸。另一种石头纹理如同用浓墨圈点过的一般，质地非常温润。还有一种色泽微黑的石头，纹理略有些粗涩。一种有着黑色花纹，质地光润的石头，石上的图案如同乌龟背上盘着一条蛇，有红色也有白色的。当地人用特质的药对这种石头进行加工，将其命名为『元武石』。

西蜀石

玛瑙石

原文

峡州宜都县产玛瑙石，外多砂泥渍，击去粗表，纹理旋绕如刷丝，间有人物鸟兽云气之状，土人往往求售博易于市。泗州盱眙县、宝积山与招信县皆产玛瑙石，纹理奇怪。宣和间，招信县令，获一石于村民，大如升，其质甚白。既磨砻，中有黄龙作蜿蜒盘屈之状，归于内府。

译文

峡州宜都县出玛瑙石，外面有很多泥沙印渍，把粗糙的表皮打磨掉，显露出石头上缠丝般的纹理，纹理缠绕盘旋可以形成如同人物，鸟兽，云气等花纹。当地人往往在集市上大量交易这些石头。泗州盱眙县、宝积山与招信县都出产玛瑙石，纹理很奇特。宣和年间，招信县令从村民那里得到一块玛瑙石，体大如升，质地洁白。打磨抛光后，里面有一条蜿蜒盘曲的黄龙图案，后来这块玛瑙石进献给了朝廷。

玛瑙石

奉化石

原文

明州奉化县诸山大石中，凡击取之，即有平面石，色微黄而稍润，扣之无声。其纹横裂两道，如细墨描写一带夹径寒林，烟雾朦胧之状，或如浓墨点染成高林，与无为军所产石屏颇相类，但质顽矿。凡镌治旋薄则纵横断裂，亦可加工磨砻为研屏，土人不知贵。

译文

明州奉化县境内几座山上有一些巨石，一旦开凿，就会有平面石出现，色泽微黄，质地温润，敲击无声。石上有两道横裂的纹路，像是用细墨笔描画出冬日树林中烟雾朦胧的小径，也像用浓墨点染出的深邃山林的画卷。与无为军地区所产的石屏很类似，但是质地更加坚硬一些。一旦雕刻图案或者打磨，石头就会顺纹路断裂。只需稍加打磨制作成研屏，但当地人不清楚这种石头的价值。

奉化石

吉州石

原文

按，吉州石上卷有，本卷再现。

译文

按语：吉州石上卷已有，本卷为再次出现。

吉州石

金华石

原文

婺州金华山有石，如羊蹲伏，予于僧寺见之，耳角尾足，仿佛形似，高六七尺，传云黄初平叱石之山，正与笔谈中所载无异，但未见偶者。

译文

婺州金华山有块奇石，像一只蹲着的羊。我曾经在寺庙里见过，有耳朵、犄角和尾巴，与真羊十分相似，有六七尺高。传说中黄初平叱石成羊的地方正是这里，与记载相合，不过我再也没有见过与之类似的了。

金华石

松滋石

原文

荆南府松滋县，溪水中出五色石，间有莹彻，纹理温润如刷丝，正与真州玛瑙石不异，土人未知贵。

译文

荆南府松滋县的溪水中产一种五色石，也有晶莹澄澈纹理如刷丝纹的，与真州的玛瑙石简直毫无二致，当地人却不知道它的珍贵。

松滋石

菩萨石

原文

嘉州峨眉石与五台山石出岩窦中，名菩萨石。其色莹洁，状如太山、狼牙、信州、永昌之类。映日射之，有五色圆光，其质六棱。或大如枣栗，则光彩微茫。间有小如樱珠，五色灿然可喜。

译文

嘉州的峨眉山、山西的五台山山洞之中出产一种奇石，名『菩萨石』，晶莹剔透，在阳光的照射下有五色斑斓的光斑。质地六棱形，有大如枣子栗子的，光彩比较微弱，也有小如樱桃的，五色璀璨惹人喜爱。

菩萨石

于阗石

原文

于阗国，石出坚土中，色深如蓝黛，一品斑斓，白脉点点光灿，谓之金星石。一品色深碧光润，谓之翡翠。屡试之，正可屑金。润而无声。然石之一段凡广仞余，择其十分之一二，无纤毫瑕玷者极少，故所产处，贵翡翠而贱金星。

译文

今新疆地区硬土中出一种石头，深蓝绿色，一种色彩斑斓，有白色的石脉闪闪发光，叫金星石。一种色泽深绿光泽，叫翡翠。非常坚硬，可切削金属，润泽无声。然而一段尺余长的石头，可用的地方只占十分之一二，完美无瑕的极少，所以，当地以翡翠为贵并不看重金星石。

于阗石

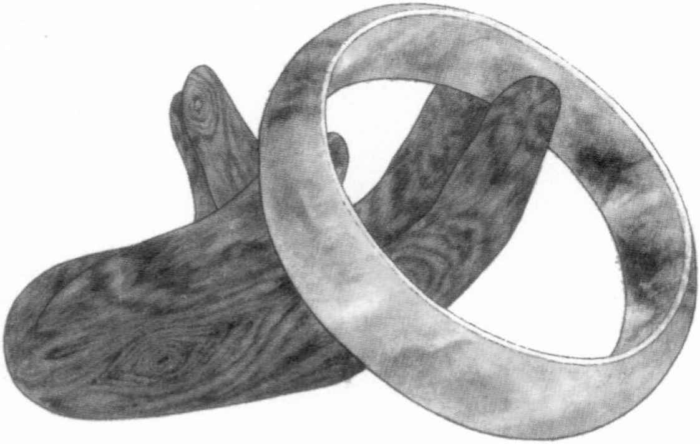

黄州石

原文

黄州江岸与武昌赤壁相对，江水中有石，五色斑斓，光润莹彻，纹如刷丝，其质或成诸物像，率皆细碎。顷因东坡先生以饼饵易于小儿，得大小百余枚，作怪石供，以遗佛印，后遂为士大夫所采玩。

译文

黄州的江岸与武昌赤壁相对，江水中产出一种石头，温润透亮，纹理细密如刷丝，色泽靓丽，五彩斑斓。有的石头花纹像各种物像，体积都很细碎。苏东坡曾用饼子从孩子们手中换了百余枚大小不一形状各异的石头，作为怪石供于家中把玩，并遗于佛印和尚。此后士大夫文人开始流行欣赏把玩这种石头。

黄州石

华严石

原文

温州华严石出水中，一种色黄，一种黄而斑黑，一种色紫，石理有横纹，微粗，扣之无声，稍润。土人镌治为方圆器，紫者亦堪为砚，颇发墨。

译文

温州华严石产于水中，一种黄色、一种黄中带黑斑、一种紫色的。质地稍润，敲击无声，有微粗的横纹。当地人用其制作方形或圆形器物，紫色的可以做砚台，很发墨。

华严石

白马寺石

原文

河南府白马寺之野中，每大雨过，土中多获细石，颇碎。一种色深绀绿，类西蕃马价珠。一种色稍次，一种色淡绿，纹理多斑剥，鲜有莹净者。间有刻成物像，其大不过如梅李。色深绿者，价甚穹。此石产外国，盖西洛故都之地乃有之。又有于土中获铜带钩，填以七宝，杂诸细石，粲然可喜。

译文

白马寺石，产于河南白马寺周边荒野中。每当大雨过后，就能从土中捡到小碎石。一种颜色深绿的，像西域的马价珠；一种颜色不大好看的；一种颜色淡绿的，纹理斑驳，很少有晶莹纯净的。偶尔有可以雕刻成佛像的石头，尺寸也不过梅李般大小。颜色深绿的，价值很高。这种石头产自国外，因为洛阳是故都的缘故，所以才会有这种石头。也有人从土中发现了铜质的带钩，上面嵌有七种宝石，也掺杂了一些这样的细碎小石，光彩粲然，十分可爱。

白马寺石

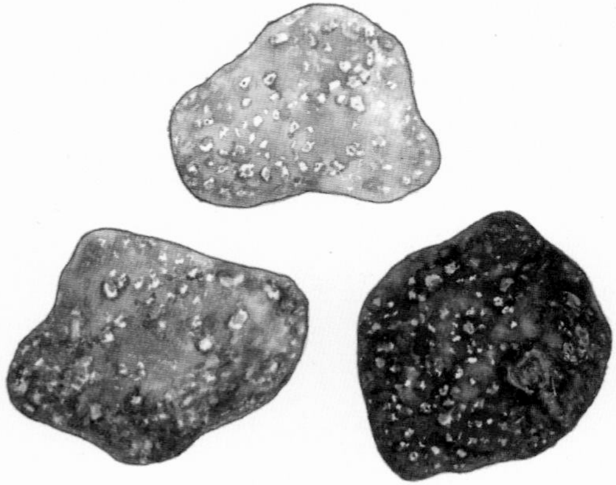

密石

原文

密州安丘县，玛瑙石产土中，或出水际，一种色嫩青，一种莹白，纹如刷丝，盘绕石面。或成诸物像，外多粗石结络，击而取之，方见其质。土人磨治为砚头之类以求售，价颇廉。亦不甚珍，至有材人以此石迭为墙垣，有大如斗许者，顷因官中搜求，其价数十倍。

译文

有一种玛瑙石产自密州安丘县的土中或水中。一种色泽微青，一种色泽洁白，纹理如刷丝，盘绕石面形成各种花纹。外面被粗石包裹，要把外壳凿掉，才能见到本来质地。当地人将其打磨制作成砚台类的物品出售，价格很低。最初，密石并不珍贵，有人甚至用它来砌墙。其中有尺寸如斗大小的。后来由于官府的搜罗，这种石头越来越少，价格翻了几十倍。

密石

河州石

原文

河州石其质甚白，纹理遍有斑黑，鳞鳞如云气之状，稍润，扣之微有声。土人镌治为方斛诸器。

译文

河州石非常洁白，表面满是黑色的石斑，像云气盘绕一般。质地润泽，敲击时会发出细小的声音。当地人常用其做方斛等器皿。

河州石

祈阇石

原文

鼎州祈阇山出石，石中有黄土，目之为太乙余粮，色紫黑，其质磊魄，大小圆匾，外多沾缀碎石，涤尽黄土，即空虚，间有小如拳者，可贮水为砚滴，或栽植菖蒲，水窠颇佳。

译文

产自湖南常德祈阇山。石头中有黄土，看起来很像『太乙余粮』（一种药材）颜色紫黑。形状各异，无论大小圆扁，外面多粘带一些碎石，把黄土洗净，就会发现石头的中间是空的，其中有拳头大小的，可以被制作成砚滴，也可以栽种菖蒲，非常合适。

祈阁石

紫金石

原文

寿春府寿春县，紫金山石出土中，色紫，琢为砚，甚发墨，扣之有声。余家旧有『风』字样砚，特轻薄，皆远物故也。

译文

寿春府寿春县（今安徽省寿县）的紫金山泥土中出产一种石头。紫色的，雕琢成砚台，很发墨，敲击有声。我家有件旧物，是『风』字砚，很是发墨，又特别轻薄，是很远古的东西了。（宋代初期，紫金石矿脉就已匮乏，所以杜绾说紫金石砚是远古之物。）

紫金石

绛州石

原文

绛州石出土中，其质坚犷，色稍白，纹多花浪，颇类牛角，土人谓之『角石』。琢为砚，滑而不发墨，惟可研丹砂。

译文

绛州石产于土中，质地坚硬粗犷，颜色稍白，带有花朵水浪般的纹理，极像牛角，当地人称作『角石』，古时常雕琢成砚台，由于太光滑不发墨，只能研磨丹砂。

绛州石

蛮溪石

原文

辰州蛮溪水中出石，色黑，诸蛮取之砻刃。每洗涤，水尽黑，因名『墨石』，扣之无声，仿佛如阶州者。土人琢为方斛器物及印材，粗佳。

译文

辰州有条溪流中产石，黑色，当地少数民族通常用其磨刀刃。用水冲洗，水会变黑，又被称为『墨石』。敲击时不会发出声响，和阶州石十分相似。当地人用它制作方斛等器皿或印章，还比较合适。

蛮溪石

箭镞石

原文

临江军新涂县数十里，地名白羊角，凌云岭顶，上平如掌，皆古时寨基。地中往往获古箭镞，锋而刃脊，其廉可刿。其质则石，长三四寸许，间有短者。此孔子所谓『楛矢石砮』，肃慎氏之物也。按，《禹贡》：荆州贡『砥、砺、砮、丹，惟箘、辂、楛』，梁州贡『璆、铁、银、镂、砮、磬』，则楛矢石砮，自禹以来贡之矣。春秋时，隼集于陈庭，楛矢贯之，石砮长尺有咫。又有石甲叶，形如龟背，纹稍厚。石斧大如掌，有贯木处，率皆青坚，击之有声。

译文

距离临江军的新涂县城数十里，有个叫羊角岭的地方，岭顶高耸入云。山顶平如手掌，遍布古代山寨的地基遗址。地上常能捡到古代石质箭镞，箭脊有锋利的刃，可以切割东西。质地为石质的，有三四寸长，也有短的，这就是孔子说的『楛矢石砮』，是萧慎族人所用的。《禹贡》上记载，荆州曾经进贡『砥、砺、砮、丹，惟箘、辂、楛』，梁州进贡『美玉、铁、银、镂、砮、磬』。那么『楛矢石砮』就是从大禹的时候开始作为贡品的。春秋时，隼鸟群集在陈国的庭院之中，人们用楛矢射下它们，石砮有一尺多长。又有一种石甲叶，形状像乌龟的背，纹理粗厚。还有手掌大小的石斧，石上甚至有安放木柄的位置，这些都质地坚硬，颜色发青，敲击有声。

箭镞石

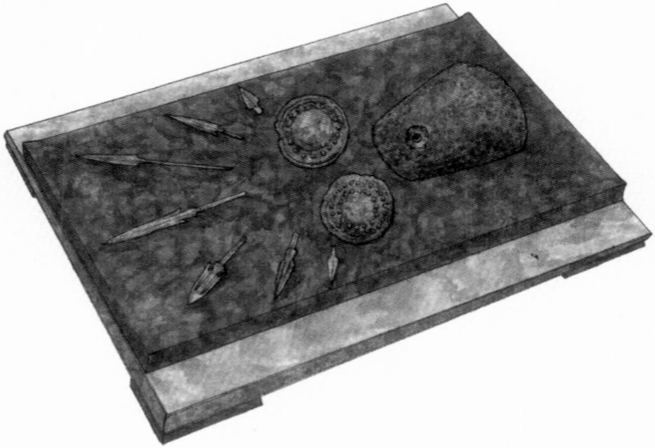

上犹石

原文

虞州上犹县，山土中出石，微紫，质稍粗，多浅黑，斑点三两，晕绿色，堪作水斛或阑槛。好事者往往镌砻甃地面，全若玳瑁。

译文

虔州上犹县山上的泥土中出产一种色泽微紫的石头，质地有些粗糙，带有许多浅黑色的斑点，有的还有少许绿色环形花纹或波纹。这种石头可以制作成盛水的量（容）器或者栏杆。有喜欢玩弄石头的人，往往把这种石头凿磨之后铺地使用，图像花纹就像珍贵的玳瑁。

上犹石

螺子石

原文

江宁府江水中有碎石，谓之『螺子』。凡有五色，大抵全如六合县灵岩，及他处所产玛瑙无异，纹理萦绕石面，望之透明，温润可喜。

译文

江宁府（今江苏南京）江水中出一种细碎的石头，叫『螺子』。五彩斑斓，和六合县灵岩及其他地方所产的玛瑙石没什么区别。石头表面纹理缠绕盘旋，看上去透明晶莹，温润可爱。

螺子石

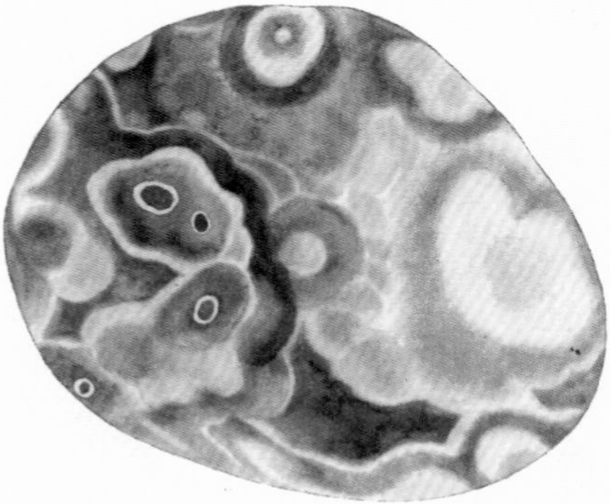

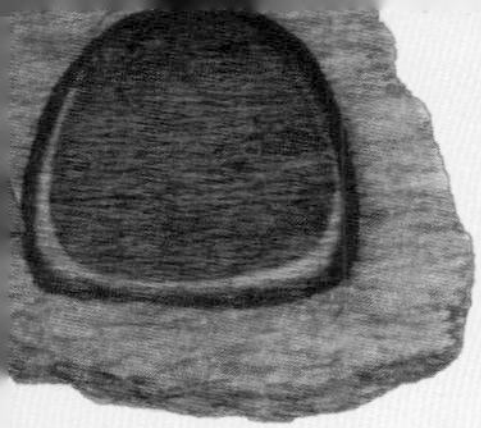

下卷

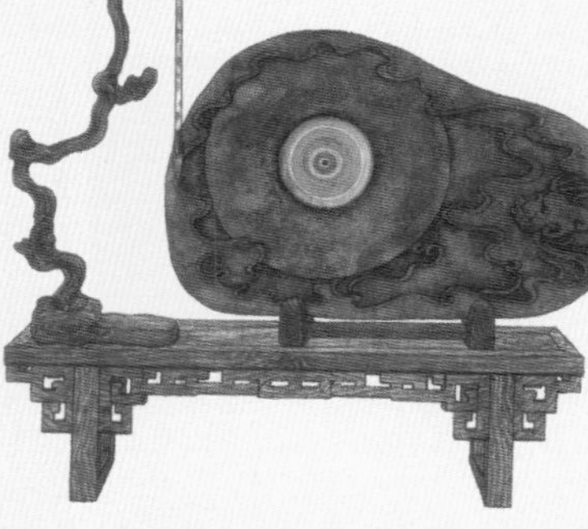

柏子玛瑙石

原文

黄龙府山中产柏子玛瑙石，色莹白，上生柏枝，或青或黄，甚光润。顷年白蒙亨奉使北廷，北主遗以一石，大若桃，上有鸲鸽如豆许，栖柏枝上，颇奇怪。又有一种，中多空，不莹彻。予获一块，如枣大，可贮药数百粒。

译文

黄龙府的山中产柏子玛瑙石，颜色晶莹洁白，石上有或黄或黑的柏枝图案，质地光润。前些年，白蒙亨出使金国，金国的皇帝送给他一块桃子大小的玛瑙石，图案十分奇特，有如同豆般大小的鸲鸽鸟停靠在柏枝上。（据描述，可能为海洋玉髓）还有一种，中间有许多孔洞，也不透明。我曾经得到一块，有枣子大小，孔洞中能放下几百颗药丸。

柏子玛瑙石

宝华石

原文

台州天台县石名宝华，出土中，其质颇与莱州石相类，扣之无声。色微白，纹理斑斓。土人镌砻作器皿，稍工，或为铛铫，但经火不甚坚久。

译文

台州天台县的石头名为宝华，产于土中，质地与莱州石相似，敲击无声，颜色微白，纹理斑斓。当地人用它制作器皿，进一步精加工为石锅、石煲等，但是不耐烧。

宝华石

石州石

原文

石州产石深土中，色多青紫，或黄白，其质甚软，颇类桂府滑石，微透明。土人刻为佛像及器物，甚精巧，或雕刻图画印记，字画极精妙。

译文

台州地区的深土中出产一种石头，颜色多为青紫色，也有黄白色的。质地很软，微透明，很像桂州府的滑石。当地人把它雕刻成佛像和器物，很是精巧，或者雕刻成藏书章，极为精妙。

石州石

巩石

原文

巩州旧名通远军。西门寨石产深土中，一种色绿而有纹，目为水波，断为砚，颇温润发墨宜笔。其穴岁久颓塞，无复可采。先子顷有大圆砚赠东坡公，目之为『天波』。

译文

巩州原名通远军，其西门寨的深土中出产一种绿色带水波花纹的石头，做成砚台，很是温润，发墨不伤笔。但这个石坑年久倒塌堵塞，已经荒废，无法继续开采了。我的祖先曾经赠送给苏东坡一块大圆砚台，称为『天波』。

巩石

燕山石

原文

燕山石出水中，名『夺玉』，莹白，坚而温润，土人琢为器物，颇能混真。

译文

燕山石产于水中，人们将其命名为『夺玉』，石质晶莹洁白，质地坚硬润泽。当地人将此石打磨雕琢成各种器物，仿若玉雕，几乎能以假乱真。

燕山石

桃花石

原文

韶州桃花石出土中，其色粉红斑斓，稍润，扣之无声，可琢器皿，或为镇纸。

译文

韶州桃花石产于土中，颜色粉红斑斓，质地坚硬温润，敲击无声。可以雕琢成器皿，也可制成镇纸。

桃花石

原文

端州今为肇庆府，石出斧柯山，距州三十三里，所谓羚羊峡对山也。凡四种，曰岩石，曰小湘石，曰后历石，曰蚌坑，而岩石最贵。山极高峻，以渔舟入一小溪，即蚌坑。水陆行七八百步，至下岩，十许步至上岩，自上岩转而南，凡百余步，至龙岩。上岩各三穴，下岩一穴，半边山岩凡十余穴，然必以下岩为胜。龙岩乃唐初取砚处，色正紫而细润不及下岩，后得下岩，龙岩遂不复取之。今下岩石尽，遂取诸半边岩，近亦塞矣，独上岩可取。下岩一穴，泉水溢岁久，石屑崩塞，虽千夫终岁功，亦不可得也。凡岩石有两壁，北壁石在水底，石色干则灰苍色，湿则青紫，眼正圆，

译文

端州就是现在的肇庆府。东郊羚羊峡斧柯山的端溪一带出端石。分四种：岩石、小湘石、后历石、蚌坑石。岩石最珍贵。斧柯山极高，驾舟顺溪流进入山谷，就是蚌坑了。水路和陆路一共走七八百米左右，就到了下岩，再走十多米到上岩。从上岩向南走百余米就到了龙岩。上岩一共有三个石洞，下岩只有一个，半边山岩一共有十多个洞穴，但还是下岩出产的石头最好。龙岩是初唐时期出产砚台石材的地方，这里的石头多为紫色，但论起质地的细腻温润，则比不过下岩。后来人们发现了下岩，龙岩的石材就不再被开采了。现在下岩的石材已经被开采得差不多了，人们就开始从半边岩凿取石材，但近年来半边岩也倒塌堵塞了，只有上岩的石材还可以开采。下岩洞中有泉水流溢，天

端石

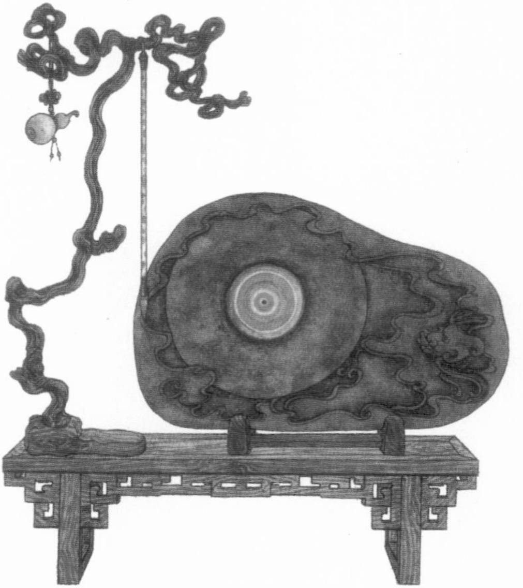

原文

有瞳子晕数十重，绿碧白黑相间如画，青绿处作翡翠色，与下岩石相类。南壁石则水半石也，色微带黄，眼晕七八重，已不及北壁矣。上岩三穴，上穴即土地岩，中穴即梅珠岩，下穴今俗呼为中岩。上穴中穴色黄，眼亦赤黄色，今已塞矣。而下穴中亦能开其路，采石之处下无积水，上有泉滴如飞雨，石色干湿与下岩同，但稍多紫色。半边山诸岩，曰大秋风，曰小秋风，曰兽头，曰狮子，曰桃花，曰河头，曰新坑，曰黄坑，其石亦类下岩，但眼晕只三四重，色赤白青碧可爱，惟层晕稍驳杂耳。米氏《砚史》云：眼长

译文

长日久，石头崩裂，即使用更多的劳力成年累月的在此开凿，也采不到石材了。一般来说，岩石有两壁，北壁石在水底，石色干燥的时候就呈苍灰色，湿润的时候则呈青紫色；表面有正圆形的石眼晕，中间有瞳仁，石晕可以达到十几层之多，绿白黑几种颜色相间，如同用颜料描画出来一样，其中青绿色的部分呈翡翠色，和下岩石很相似。南壁石也叫水半石，颜色略带黄色，有七八层眼睛般的晕纹，但已经没有北壁石佳妙了。上岩有三个石穴，上穴叫土地岩，中穴叫梅珠岩，下穴现在俗称中岩。上穴中穴的石头颜色呈黄色，表面的石晕也是红黄色的，但上穴已经崩塌了。而在下穴中也能开凿出通往上穴的采石道路，采石的地方下面并没有积水，上方则有泉滴如同飞雨，石的颜色以及干湿程度和下岩相同，但紫色的石头略微要多一些。半边山诸岩，分别叫

如卵。各石三层之上，即复石也，石色燥甚。下即底石也，石色杂虽润，不发墨。凡三层之上，从上第一层谓之顶，石皆紫；第二层腰，石或有眼，或无眼；第三层脚，石即无眼，大抵有眼石在水岩中，尤细润。下岩石谓之鸲鸽眼，上岩上穴谓之鹦哥眼，上岩下穴谓之鸡翁猫儿眼，半边山谓之雀儿眼、了哥眼，土人以此别之。

做大秋风、小秋风、兽头、狮子、桃花、河头、新坑、黄坑等，有些地方的石头也与下岩石很类似，但石上眼睛般的晕纹只有三四层，颜色有红白青绿等几种，都很鲜艳可喜，遗憾的是石晕有些驳杂。米芾所著的《研史》中说『眼长如卵，各石三层』之上，也就是覆石了，这种石头质地非常干燥，下面则是底石，颜色驳杂，虽然很温润，但不容易发墨。凡是三层以上的石头，最上面第一层叫顶，石的颜色都呈紫色；第二层叫腰，有的石表面会有眼睛般的晕纹，有的则没有；第三层叫脚，这一层的石头就都没有晕纹了。一般的规律是，有眼睛般晕纹的石头出产在水中，质地尤其细致温润。当地人给各种不同的石头都取了雅号以示区别：下岩石称为鸲鸽眼，上岩上穴出产的石头称为鹦哥眼，上岩下穴所产的石头称为鸡翁、猫儿眼，半边山所产的石头称为雀儿眼、鹩哥眼当地人以此来做区分。

小湘石

原文

小湘石在端州之西四十里，石色紫，稍燥，间有眼，眼者类雀眼，但无瞳子。后历石在端之北十里，色赤紫，质极细，不甚润，石性极软，间有眼者，但一两晕。蚌坑在下岩山之下一小溪，今岁久，山中崩落之石，为风日所侵，性坚顽，极不发墨，石色正紫莹净，间有眼，无层晕，色驳杂。大抵诸石在穴中，正如石榴子隔瓜瓠，中有其质。石璞各有笼络，中有砚材大小，既施斧凿，十分之中，可得三四许。又有一种圆如瓜瓠，中有其质，谓之子石，尤佳极，鲜得之。下岩之价，二十倍于上岩下穴，上岩下穴之价，十倍于半边山诸坑，半边山价十倍于小湘，小湘价倍于蚌坑，后历绝品，亦不过十来千。

译文

距离端州城西面四十里的地方，出产小湘石，这种石头色泽为紫色，比较干燥，石上偶尔有类似于雀眼般的花纹，但是没有中间的瞳仁。距离端州城北十里的地方出产后历石，这种石头颜色红紫，质地很细腻，但不太温润，也比较软，偶尔有眼睛般的花纹，一般也只有一两层石晕。下岩山下面的小溪里，有个地方叫蚌坑，到现在已经年代很久了，山中崩落的石头掉到这里，被风力和日照侵蚀，所以质地很坚硬，做成砚台很不容易发墨。这种石头颜色是正紫色，晶莹而无杂质。偶尔有些石头有眼睛般的晕纹，但是也没有层次，颜色驳杂。这大概是因为这些石头在石穴中，正如石榴子在壳内那样有间隔，璞玉

小湘石

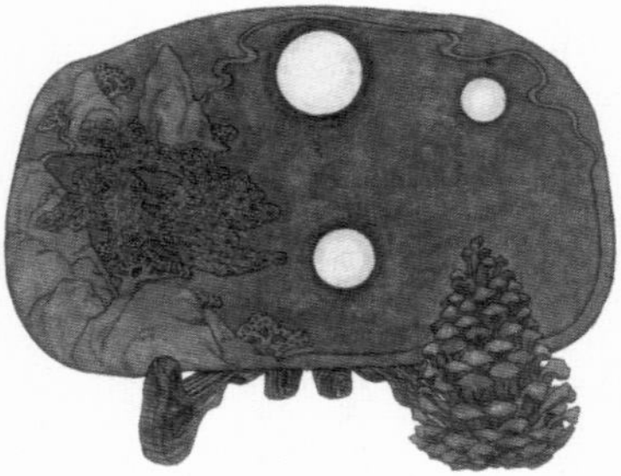

各有其包笼的外壳。石的内部有可以制成砚台的大小材料，必须用斧凿等工具凿取，十分里只能得到三四分左右的材料。还有一种圆如瓜瓠的石头，中间也有可以制作砚台的石材，人们叫它『子石』，这种石头尤其珍贵，非常罕见。下岩石的价格，比上岩下穴所产的石价格要高出二十倍；上岩下穴所产的石头，比半边山各石洞中所产的石头价格要高出十倍；半边山所产的石头，比小湘石的价格要高出十倍，而小湘石的价格则是蚌坑石、后历石的数倍。即使是被奉为绝品的小湘石，价格也不过十来千钱。

婺源石

原文

徽州婺源石产水中者，皆为砚材，品色颇多。一种石理有星点，谓之龙尾，盖出于龙尾溪，其质坚劲，大抵多发墨，前世多用之。以金星为贵，石理微粗，以手擘之，索索有锋铓者尤妙。以深溪为上，或如刷丝罗纹，或如枣心瓜子，或如眉子两两相对。又一种色青而无纹，大抵石质贵清润发墨为最。又有祁门县文溪所产，色青紫，石理温润发墨，颇与后历石差等，近时出处价倍于常。土人各以石材厚大者为贵，理微粗。又徽州歙县地名小沟，出石亦清润，可作砚，但石理颇坚，不甚刲墨，其纹亦有刷丝者，土人不知贵也。

译文

徽州婺源地区有出产于水中的石头，都是做砚台的材料，品种花色很多。一种有着星点般的纹理，人们叫它龙尾，因为它出产自龙尾溪。这种石头质地坚硬，很容易发墨，以前的人大多用这种石头做砚台，以石上有金星般花纹的最为贵重。这种石头的质地有些粗糙，用手抚摸她，感到粗糙有锋芒的，就是特别好的石头，产自深水中的质地最好。这种石的花纹有的像刷丝罗纹，有的像枣心或者瓜子，也有像两两相对的眉眼。还有一种颜色是青色的，没有花纹。但一般都以石质清润，发墨容易为上品。还有祁门县文溪所出产的石头，颜色青紫，质地温润，也容易发墨，和后历石

婺源石

没有多少差别。市场上这种石头的价格是往常的数倍。当地人认为石材厚重的价值就高，但质地有些粗糙。还有徽州歙县一个叫小清的地方，那里出产的石头也很清润，可以用来做砚台，但质地比较坚硬，不容易把墨研碎，其他也有刷丝一样的纹理，但当地人都不知道它的价值。

通远石

原文

通远军即古渭州，水中有虫类，鱼鸣或作觅觅之声。土人见者，以梃刃或坚物击之，多化为石。色青黑温润，堪为砺，目之为质石。或长尺余，价直数千。凡兵刃用此磨治者，青光不镦。

译文

通远军就是古渭州，水中有像鱼一样的虫，叫起来发出『觅觅』的声音。当地人看到这种虫子就用木杖或者硬物击打它，这些虫子死后大多化为了石头。这种石头青黑色，质地坚硬，温润，可以做磨刀石。有的有一尺多长，值几千钱。凡是用此石打磨过的兵器光芒经久不衰。

通远石

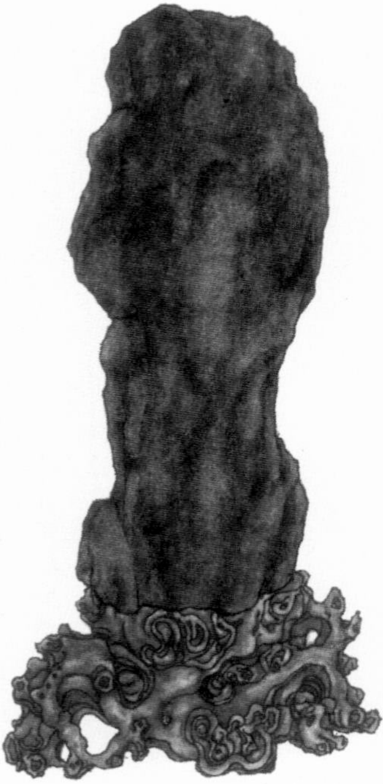

六合石

原文

真州六合县，水中或沙土中出玛瑙石，颇细碎，有绝大而纯白者，五色纹如刷丝，甚温润莹彻。土人择纹采或斑斓点处，就巧碾成物像。

译文

真州六合县的水中或沙土中产玛瑙石，形状很细碎，也有很大而颜色纯白的，上面有着五彩的刷丝般的纹路，质地非常温润透明。当地人选取带有纹路和斑点的，依照天然形成的花纹，巧妙地将它雕琢成各种物体。

六合石

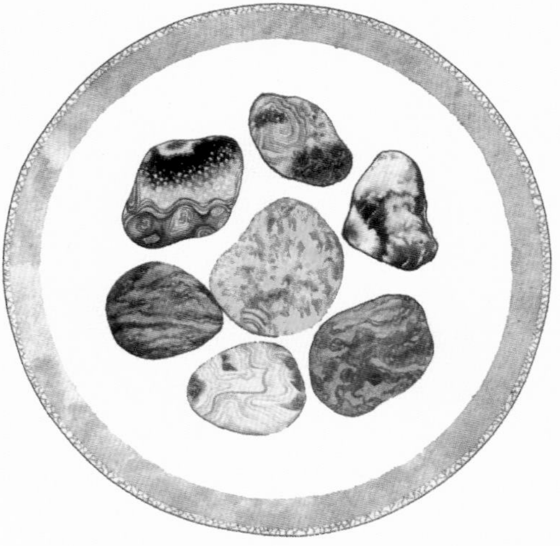

兰州石

原文

兰州黄河水中产石，绝有大者，纹采可喜。间于群石中得真玉璞，外有黄膘，又有如佛像，黑青者极温润，可试金。顷年，余获一圆青石，大如柿，作镇纸，经宿连简册辄温润。后以器贮之，凡移时，有水浸润。一日坠地，破而为三四段，中空处有小鱼一枚，才寸许，跳掷顷刻而死。

译文

兰州黄河水中产的奇石，一般少有很大尺寸的，表面有着美丽的纹路。偶尔在这些石头中间能够得到真正的璞玉，外面包裹着黄色的外壳。还有的像佛像的形状。有一种墨青色的石头，质地很温润，可以当作试金石。前几年，我获得一块圆形的青色石头，柿子般大小，我把它当作镇纸使用，过了一夜，它压着的书简都变得温润起来，后来将其放到器皿中收藏，一旦移动，就会有水印浸润的痕迹。一天不小心把它摔在地上，碎成三四段。石头内部有个孔洞，里面有一条小鱼，一寸来长，在地上蹦跳一会就死去了。

兰州石

方山石

原文

台州黄岩县有山名方山，其山之颠状如斗，因以得名。凡地中所产石，不以巨细，率皆方形，有数色，其质稍粗。

译文

浙江台州市黄岩县有一座方山，山顶像量米用的斗，因而得名。在这座山中所出产的石头，无论大小，全都是方形的，有几种颜色，质地都比较粗糙。（方山石『黄岩枕流』，古宁溪八景之一。）

方山石

鹦鹉石

原文

荆南府有石如巨碑仆路隅，色浅绿，不甚坚，名鹦鹉石。击取以铜盘磨，其色可靖笙。

译文

荆南府（今湖北省荆州市）一带有一块石头，像倒在路边的巨大石碑，颜色浅绿，质地不很坚硬，名叫鹦鹉石（据考证，应为绿松石）。凿下一块用铜盘摩擦，发出的音色可以与笙媲美。

鹦鹉石

红丝石

原文

青州益都县，红丝石产土中，其质赤黄，红纹如刷丝，萦绕石面。而稍软，扣之无声，琢为砚，颇发墨。但石质燥渴，须先饮以水，久乃可用。唐林甫彦猷顷作墨谱，以此石为上品器。

译文

青州益都县的泥土中出产红丝石。颜色红黄，红色的纹路像刷丝一样缠绕并布满了石头的表面。质地比较软，敲击无声。人们将它制作成砚台，很容易发墨，但石质干燥，必须先用水浇注一段时间才能使用。唐林甫著的《砚录》中，把这种红丝石推崇为上品。

红丝石

石绿

原文

信州铅山县石绿，产深穴中，一种融结为山岩势，不甚坚。一种稍坚，于绿文如刷丝极深者，镌砻为器，向明示之颇光灿闪色。有一种淡绿或细碎者，入水烹研，可装饰。

译文

信州铅山县的石绿，产自深洞中。其中一种融合凝聚成岩石的样子，不太坚硬；另一种比较坚硬，有绿色刷丝般的纹理，选择颜色极深的雕琢制成器皿，摆放在光线好的地方观察，很是光彩璀璨。还有一种淡绿色的，或者细碎的石头，用水烹煮研磨，可以制成颜料（头绿、二绿、三绿、四绿）。

石绿

原文

泗州竹墩镇，玛瑙石出沙土中，其质磊魄，外多沙泥积渍，或如灰粉笼络。须击去粗面，中有本色微青白，稍莹彻，无刷丝纹，工人治为器物，颇不为珍贵。

译文

泗州竹墩镇的沙土中，出产玛瑙石，堆积在一起，外表多被泥沙或灰土粉包裹，必须凿去粗糙的外壳，才能显露出内里浅青白的本色来，质地较为透明，没有刷丝般的纹理。工匠将这种石头制作成器皿使用，很不珍贵。（考证可能是白玛瑙。）

泗石

矾石

原文

鹳巢中有石，亦名矾，或如鸡卵，色灰白，鹳于巢侧为泥池，多置鳅鳝之物蓄水中，以此石养之，每探取，则吞而飞去，颇难得。顷年，温州瑞安县佛舍尝有鹳巢，因端午晨朝，一人忽登屋谋取，为人所捕致讼，询之，云窃取可以致富，不利于寺。今本草所载矾石凡有数种，产汉川、武当、西辽诸处鹳巢中最佳。鹳尝入水冷，故取以温卵，今不可得之。

译文

产自鹳鸟的窝里，和鸡蛋差不多大小，灰白色。鹳鸟在鸟巢旁边用泥筑成池子，放入多余的泥鳅，虾蟹之类，用这种石头养鱼，如果有人想要拿走石头，鹳鸟就会把石头吞下去飞走，所以这种石头很罕见。前些年，温州瑞安县一座佛舍中曾经有一个鹳鸟的巢，端午日的早晨，有人突然登上屋顶，想要拿走其中的矾石，被人捉住，送到官府审讯，寺院的僧人说偷到矾石可以致富，但对寺庙不吉利。现在《本草》中记载的矾石一共有几种，其中出产于汉川、武当、西辽等地方鸟巢中的最好。鹳鸟常常入水捕鱼，身上较冷，因此也取这种石头保持巢中鸟蛋的温度，现在这种石头已经不能得到了。（矾石俗称毒砂，可入药。）

矾石

建州石

原文

建州石产土中，其质坚而稍润，色极深紫，扣之有声。间有豆斑点，不甚圆，亦有两三重石晕，琢为砚，颇发墨。往以石点作鸲鹆眼，充端石以求售。

译文

建州石出产在泥土中，质地坚硬而较为温润，颜色极为深紫，敲击有声，偶尔有黄豆般大小的斑点，并不太圆，也有带两三重石晕的。制作成砚台很容易发墨。因为石头上有鸲鹆眼般的石眼，很像端石，往往冒充端石以求卖得高价。

建州石

汝州石

原文

汝州玛瑙石出沙土或水中，色多青、白、粉红，莹彻，小有纹理如刷丝。其质颇太，堪治为盘盒酒器等，十余年来，方用之。

译文

汝州的沙土和水中出产玛瑙石，颜色多是青色、白色、粉色的，晶莹透明。略有一些刷丝般的细致纹理。尺寸很大，可以制作成盘盒酒器等用具，近十几年来才开始流行起来。

汝州石

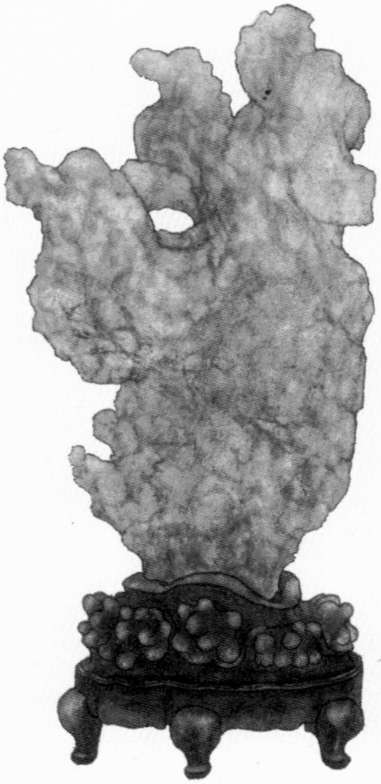

原文

广、连、丰、郴诸州，多钟乳洞，乳汁点成石龟、蛇、蟾蜍、蟹、蝘蜓及果蓏等形不一，坚质，或颜色如生。余顷年屡于洞中获此数种，考之本草载石蟹，是寻常蟹，生南海。因年月深久，间化为石，每遇海潮，即飘出，又一般入洞穴年深亦然。因知钟乳点化无疑。

又

婺州金华县智者三洞产石，巉岩如雪，间有悬石如钟乳，色灰白嵌空。予顷于洞上获一石，大如拳，高数寸，若二龙交尾缠绕，鳞鬣爪甲悉备。中有数窍，因植溪荪，为好事者求去。亦疑钟乳点化所成。又洞中有石鼓、石磬，击之，各如其声。

译文

广州、连州、沣州、郴州等几个地方，都有很多钟乳石洞，石钟乳点滴成石龟、蛇、蟾蜍、蟹、蝘蜓以及瓜果等不同的形状，石质坚硬，有些甚至连颜色都和真的一样。我几年前曾多次在洞中获得这几种石头，考证《本草》中记载的内容，书上说石蟹本来是普通的蟹，生活在南海，由于年代久远，有些化成石头，每逢涨潮就会浮上来，也有在是洞中生活年代久了，也会这样，因此便知道这些奇石都是由钟乳石点化无疑。

又，婺州金华县的智者三洞中出产奇石。这个石洞中两旁的峭壁颜色雪白，偶尔有悬在空中的石头，

钟乳

形状像钟乳，颜色灰白，中间镂空。前几年曾经在这个洞中得到一块奇石，拳头大小，数寸高，形状像两条龙在交尾缠绕、鳞片、毛发、爪甲无一不有。这块石头中间有几个洞穴，我就将他种上了溪荪，后来这块石头被喜欢奇石的人索取走了，我甚至怀疑这块石头是钟乳点化而成的。另外，这个洞中还有石鼓、石磬，敲击起来会发出像真正乐器一样的声音。

饭石

原文

婺州东阳县双林寺傅大士道场山中产石，凡有青白绿紫色，皆莹彻，谓之饭石。石质细碎，堪治为素珠，或作镇纸。

译文

婺州东阳县双林寺大夫道场附近的山中产石。有青、白、绿紫等色，都晶莹剔透，称之为『饭石』。其石质细碎，多被制成系珠或镇纸。

饭石

墨玉石

原文

西蜀诸山多产墨玉，在深土中，其质如石，色深黑，体甚轻软。土人镌治为带胯或器物，极润。

译文

四川西蜀地区许多山上都出产墨玉。这些墨玉埋藏在深土之中，质地像石头一样，颜色深黑，也很软。当地人把它打磨制作成带钩或者其他器物，极为光滑温润。

墨玉石

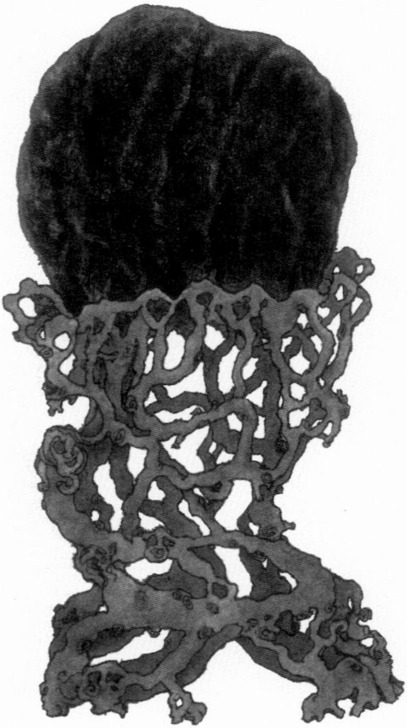

南剑石

原文

南剑州黯淡滩出石，质深青黑而光润，扣之有声，作砚发墨宜笔。工人琢治为香炉诸器，极精致。东坡所谓凤味砚是也。

译文

南剑石产自南剑州一带的黯淡滩中，色泽青黑，质地光滑而润泽，敲击有声。如果打磨成砚台，很容易发墨，不伤笔。当地人把它雕琢成香炉等器物，非常精致。这就是苏东坡曾经称赏过的『凤味砚』所用的石材。

南剑石

石镜

原文

永州祁阳县，浯溪山岩之侧，有立石一片，广数尺，色深青润，光可照物十数步，工人谓之石镜焉。杭州临安县山中一石，光明如镜，颇同。

译文

湖南永州祁阳县浯溪山岩的一侧，有一块竖立着的石头，几尺宽，颜色深青，质地温润，反射出的光亮可以照到十几步之内的物体，当地人称作石镜。杭州临安县的山中也有一块石头，像镜子一样能反射光亮，这两种石头很相似。

石镜

琅玕石

原文

明州昌国县沿海，近浅岸水底生琅玕，状似珊瑚，或高三二尺，尤繁茂，必击筏悬绳方得之。初出水，色甚白，经久微紫黑，纹理如姜枝，一律遍多圆圈迹，扣之有声，稍燥。土人不甚贵，西北远方往往多装治假山。

译文

明州昌国县一带靠近浅岸的水底，出产一种琅玕石，形状像珊瑚，有的高达两三尺，枝杈繁茂。一定要用木筏悬挂好绳子入水打捞方能得到。这种石头刚出水的时候颜色很是洁白，时间一长就呈微紫黑色，表面的纹理像姜枝异样缠绕，上面很多小圆环，敲击有声，质地略微干燥。当地人并不很珍视它。在西北一带，人们则往往用这种石头来装饰假山。

琅玕石

菜叶石

原文

汉州郡菜叶玉石，出深水。凡镌取条段，广尺余，一种色如蓝，一种微青，面多深青，斑剥透明，甚坚润，扣之有声。土人浇沙水以铁刃解之成片，为响板或界方压尺，亦磨砻为器。

译文

汉州郡的深水中出菜叶玉石。采石工人一般都把它凿成条段状，一尺多宽。一种是蓝色的，一种是微青色，表面上多是深青色。斑驳透明，质地坚硬而温润，敲击有声。当地人用沙水浇在上面，再用铁刃将它拆解成片状，做成响版或者界方、压尺等，也可以打磨制作成器皿使用。

菜叶石

沧州石

原文

沧州海岸沙中出石，其质长短不等，色白如粉，似细条萦绕石面，谓之络丝石。甚软燥，而无声。每见装缀假山，余无所用。

译文

河北沧州海岸的沙地里出产一种石头，体积长短不等，颜色如同铅粉一样洁白，有细丝般的条纹交织在石头表面，得名『络丝石』。这种石头质地比较软，很干燥，敲击无声。经常能见到用它装饰的假山，别无它用。

沧州石

方城石

原文

唐州方城县石出土中，润而颇软，一淡绿，一深紫，一灰白，石质不甚细腻，扣之无声。堪镌治为方斛器皿，紫者亦堪为砚，颇精致发墨。

译文

唐州方城县的泥土中出产一种石头，质地温润，较软，有淡绿色，深紫色，灰白色的。石质不太细腻，敲击无声。可以打磨制作成方斛等器皿，紫色的也可以做成砚台，很精致，也容易发墨。

方城石

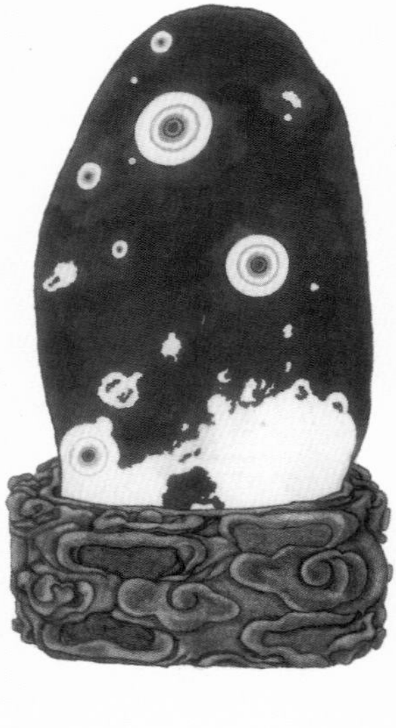

登州石

原文

登州下临大海，有沙门鼍矶岛，多产黑白石，磨砻为棋子。又有车牛、大竹、小竹凡五岛，惟沙门甚近，石有挺然而出者，颇焦枯，他处者紫翠。巉岩出波涛中，多秀美，五彩斑斓或如金纹者。熙宁间，士大夫就诸岛上取石十二枚，皆灿然奇怪，载归南海，为东坡称赏。

译文

登州接临渤海，附近有沙门岛、鼍矶岛，这里的泥土中多出产黑色、白色的石头，经过打磨可以做成棋子。还有车牛、大竹、小竹等岛屿，一共五座，只有沙门岛离陆地最近。这里的石头有的挺然凸出地面，质地较为焦枯。其他地方，有座紫翠岩耸立在波涛中，美不胜收，五彩斑斓，有些上面还有金色的花纹。熙宁年间，有位士大夫曾经到登州各岛屿上收集了十二枚奇石，都是光彩灿然形状怪异的，他把这些石头带回南海，很为苏东坡所称赏。

登州石

玉山石

原文

信州玉山县，地名宾贤乡，石出溪涧中，色清润，扣之有声。采而为砚，颇剉墨，比来裁制新样，如莲、杏叶，颇适人意。

译文

信州玉山县有个地方叫宾贤乡，这里的山间溪水中出产一种石头，颜色很清润，敲击有声。工人把这种石头制作成砚台，很容易把墨磨碎。近来也有人用这种石头别出心裁地制作成新样式的砚台，如莲叶形，杏叶形等，很受人喜爱。

玉山石

雪浪石

原文

中山府土中出石，色灰黑，燥而无声，混然成质。其纹多白脉笼络，如披麻旋绕委曲之势。东坡项帅中山，置一石于燕处，目之为雪浪石。

译文

中山府的泥土中出产一种灰黑色的石头，质地干燥，敲击无声，浑然一体。表面上多有白色的石脉缠绕盘旋，像中国画山石皴法之一的披麻皴一样。苏东坡早年间被贬定州时，在自己休憩的地方放置了一块这样的石头以供玩赏，命名为雪浪石。（现放置于河北定州市武警部队医院一个小院里。）

雪浪石

杭石

原文

杭州石出土中，色多洁白，扣之无声，其质无峰峦，磊魄。若桃李大，尖锐或如朱砂，有棱角，望之光明精莹，宜装缀假山，小有可观。

译文

杭州有一种石头产于土中，颜色大多洁白，敲击起来没有声音。杭石没有高低起伏的山峦，大多是块状地堆在一起。与桃李的大小差不多，像朱砂一样有锋利的棱角，看上去晶莹剔透，适合装饰点缀盆景，颇有玩赏的意趣。

杭石

大沱石

原文

归州石出江水中，其色青黑，有纹斑，斑如鹧鸪，质颇粗，可为砚。土人互相贵重，峡人谓江水为沱，故名大沱石。

译文

归州一带的长江中出一种石头，青黑色，石上有如鹧鸪羽毛斑纹一样的斑点。质地颇为粗糙，可以做砚台，很是发墨。当地人都认为此石很有价值。因为三峡附近的人都把那一段江水称为『沱江』，所以这种石头被叫作大沱石。

大沱石

青州石

原文

青州石多紫，产深土中，可琢为砚，其质稍粗，不堪发墨。土人多用之。

译文

青州石多为紫色。产于深土中，可以雕琢城砚台。质地略微粗糙，不怎么发墨，但是当地人还是很多使用它做的砚台。（上卷也出现过青州石，为造型观赏石，此处的青州石应该是专指此石种中可以做砚台的。）

青州石

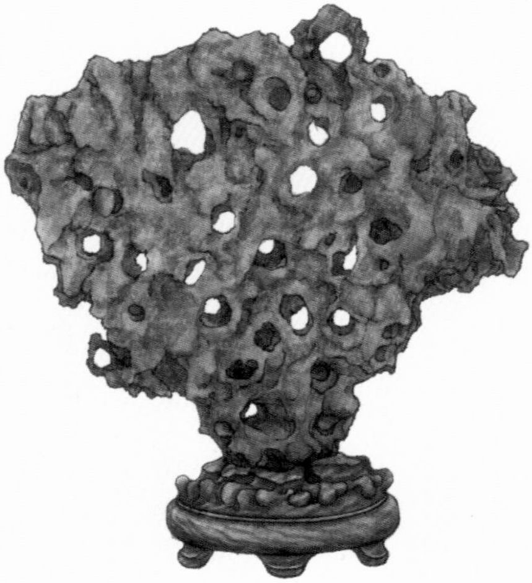

龙牙石

原文

潭州宁乡县石产水中，或山间，断而出之。多龙牙，色紫稍润，堪治为砚，亦发墨，土人颇重之。

译文

潭州宁乡县的山中或者水中出产一种石头，凿开上面的浮石，才能采到这种石头。形状大多像龙牙，颜色发紫质地温润。制成砚台，容易发墨，当地人很看重这种石头。

龙牙石

石棋子

原文

鄂州沿江而下，阳罗洑之西，土名石匮头，水中产石，如自然棋子，圆熟扁薄，不假人力，黑者宜试金，白者如玉温润。山下有老姥，鬻此石以为生，相传神怜媪，故以此给之。

译文

从鄂州（今湖北武昌）沿江而下至阳罗洑（今湖北黄冈）以西，当地人叫石匮头的这个地方。水里出产一种像围棋子的石头，形状或圆或扁，都是天然形成未借助人工雕琢形成的。黑色的可以用作试金石，白色的像玉一样温润。山中有位老妇人，靠售卖这种石头为生。据传说是神灵怜悯这位老人，所以让这种石头产于此地。

石棋子

分宜石

原文

袁州分宜县江水中产石，一种紫色，稍坚而温润，扣之有声，纵横不过六七寸许，惜乎地远稀罕，不可常得。土人于水中采之，琢为砚，发墨宜笔，但形制稍朴，须藉镌砻。

译文

分宜石产自袁州分宜县的江水中，其中一种是紫色的，质地坚硬润泽，叩击时会发出响声，大小不过六七寸。可惜出产地很偏僻，这种石头也很少见，不是容易可以得到的。当地人在水中开采这种石头，制成砚台，易于发墨，不伤毛笔。只是石材形状和质地都比较粗犷古朴，需要精细加工打磨。

分宜石

浮光石

原文

光州浮光山石产土中，亦洁白，质微粗燥，望之透明，扣之无声，仿佛如阶州者。土人琢为斛器物及印材，粗佳。

译文

浮光石产自浮光山的泥土中，颜色洁白，质地粗糙发干，看上去通体透亮，敲击时不会发出声音，和阶州的石头相似。当地人主要用之制作印章和斛等器皿，大体上还算合适。

浮光石

图书在版编目（CIP）数据

云林石谱 /（宋）杜绾著；朱礼欣绘 . -- 南昌：
江西美术出版社，2018.8（古人的雅致生活）
ISBN 978-7-5480-6228-8
Ⅰ. ①云… Ⅱ. ①杜… ②朱… Ⅲ. ①岩石 - 基本知识 Ⅳ. ① P583
中国版本图书馆 CIP 数据核字（2018）第 162348 号

出 品 人：周建森
责任编辑：方　姝　姚屹雯　朱倩文
责任印制：谭　勋
书籍设计：韩　超　先鋒設計 PIONEER DESIGN
书籍制作：黄　明

云林石谱 YUNLINSHIPU
GUREN DE YAZHI SHENGHUO
古人的雅致生活

（宋）杜　绾 / 著　朱礼欣 / 绘
出　　版：江西美术出版社
地　　址：南昌市子安路 66 号江美大厦
网　　址：jxfinearts.com
电子邮箱：jxms163@163.com
电　　话：0791-86566309
邮　　编：330025
经　　销：全国新华书店
印　　刷：浙江海虹彩色印务有限公司
版　　次：2018 年 8 月第 1 版　　印　　次：2018 年 8 月第 1 次印刷
开　　本：787mm × 1092mm　1/32　　印　　张：7.875
书　　号：ISBN 978-7-5480-6228-8
定　　价：88.00 元